주·판·으·로·배·우·는·암·산·수·학

⭐ 주판의 수 읽고 쓰기
⭐ 주판알 그리기
⭐ 아래알 윗알 놓기
⭐ 한 자리·두 자리 수 단순 덧·뺄셈

주산식 암산수학
－ 호산 및 플래시학습 훈련 학습장

칭찬 1 · 칭찬 2 · 칭찬 3 · 칭찬 4 · 칭찬 5 · 칭찬 6 · 칭찬 7 · 칭찬 8 · 칭찬 9 · 칭찬 10 · 칭찬 11 · 칭찬 12 · 칭찬 13 · 칭찬 14 · 칭찬 15 · 칭찬 16

칭찬 17 · 칭찬 18 · 칭찬 19 · 칭찬 20 · 칭찬 21 · 칭찬 22 · 칭찬 23 · 칭찬 24 · 칭찬 25 · 칭찬 26 · 칭찬 27 · 칭찬 28 · 칭찬 29 · 칭찬 30 · 칭찬 31 · 칭찬 32

1	1	1	1
2	2	2	2
3	3	3	3
4	4	4	4
5	5	5	5
6	6	6	6
7	7	7	7
8	8	8	8
9	9	9	9
10	10	10	10

1	1	1	1
2	2	2	2
3	3	3	3
4	4	4	4
5	5	5	5
6	6	6	6
7	7	7	7
8	8	8	8
9	9	9	9
10	10	10	10

주판으로 배우는 암산 수학
매직셈

기초
단계
EQ를 올리는 매직셈

주판의 구조와 기초 학습

● 주판 각 부분의 이름과 구조

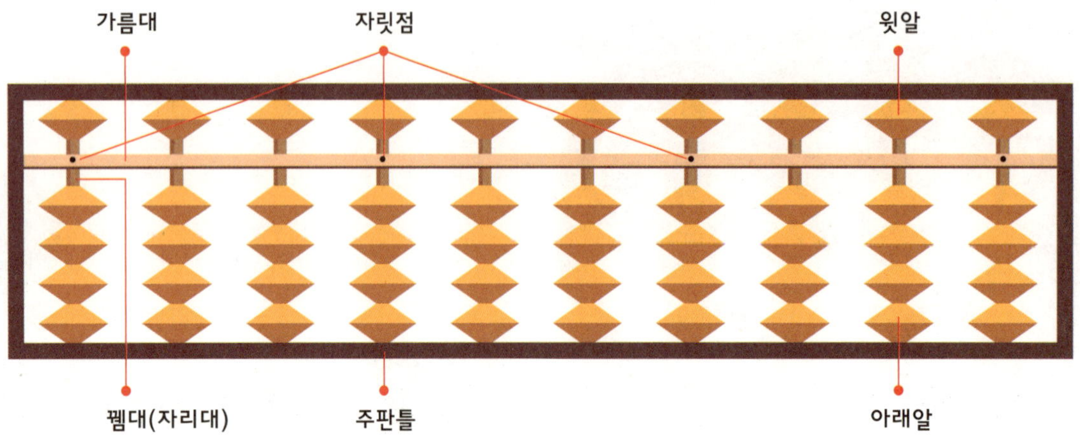

아래알   가름대 아래에 있는 주판알을 말하며 한 알은 1을 나타냅니다.

윗 알   가름대 위에 있는 주판알을 말하며 한 알은 5를 나타냅니다.

가름대   아래알과 윗알을 가로막아 놓은 부분을 말합니다.

꿰 대   주판알을 꿰고 있는 막대를 말하며, 자리대라고도 합니다.

자릿점   가름대 위에 찍혀 있는 점을 말하며 수의 자리를 정하는 데 사용됩니다.

주판틀   주판을 감싸고 있는 테두리 전체를 말합니다.

● 주판 잡는 법과 주판알 정리

주판을 잡을 때는 주판의 왼쪽 부분을 왼손으로 잡는데 엄지로는 주판틀 아랫부분을, 나머지 손가락으로는 주판틀 윗부분을 가볍게 감싸 줍니다.

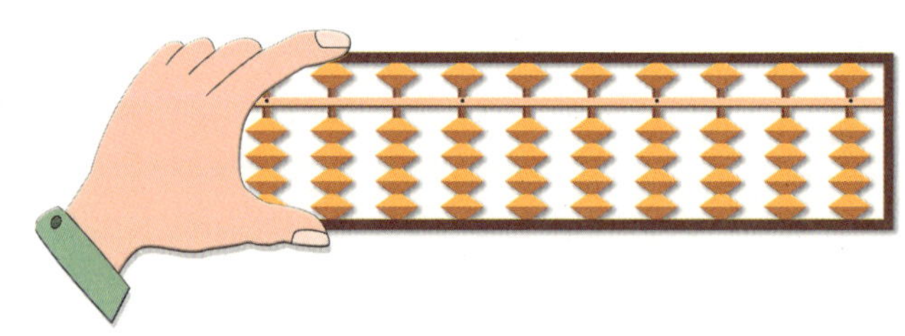

주판알을 정리할 때는 오른손 엄지와 검지를 오른쪽 가름대 끝에 가볍게 대고 가름대를 쥐듯 왼쪽으로 밀어 줍니다.

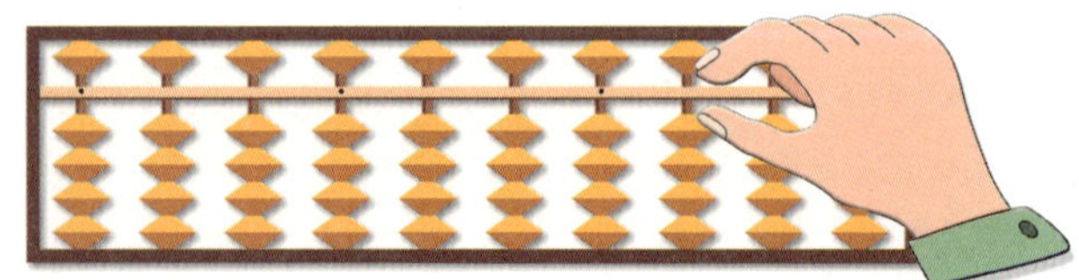

● 연필 잡는 법

연필을 잡는 정해진 방법은 없으나, 어린이의 경우 약지와 새끼손가락 사이에 끼우는 모양은
어려운 동작이므로 편한 방법으로 쥐도록 합니다.

일반적인 모양

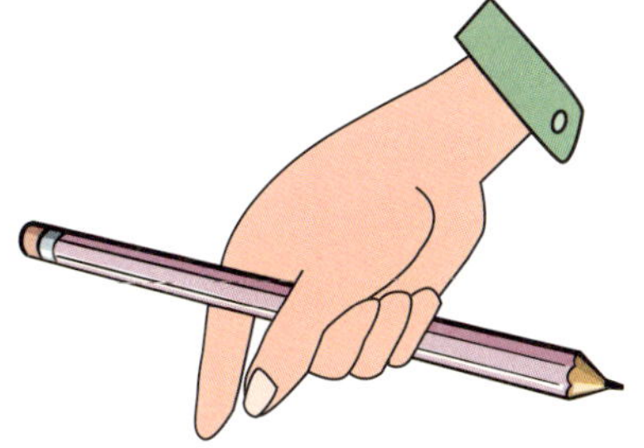

어린이에게 권하는 모양

● 주판을 놓는 바른 자세

의자에 깊숙이 앉아 허리를 바르게 폅니다.
몸은 책상에서 10cm 정도를 뗍니다.
오른팔이 주판이나 책상에 닿지 않도록 합니다.
왼쪽 팔꿈치는 가볍게 몸에 붙였다 떼었다 할 수 있도록 합니다.

● 주판의 자릿수

주판에서 일의 자리는 가름대 위의 자릿점 중 하나를 선택하여 정할 수 있으며, 일의 자리를 기
준으로 오른쪽 소수 첫째 자리를 영(0)의 자리, 소수 둘째 자리를 −1의 자리, 소수 셋째 자리를
−2의 자리라고 합니다.

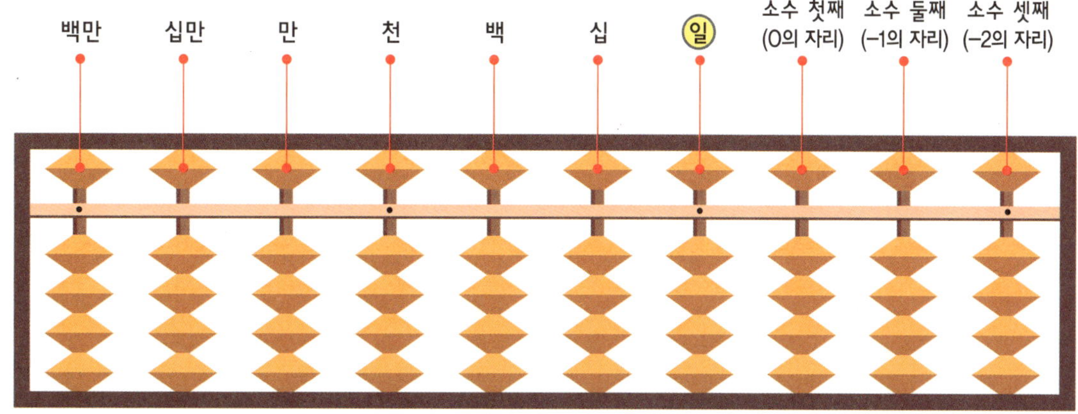

주판에 놓인 수와 손가락 사용법

운지법은 주판에 수를 놓을 때 손가락의 사용법을 말하며,
운주법은 주판알을 바르게 움직이는 방법을 말합니다.

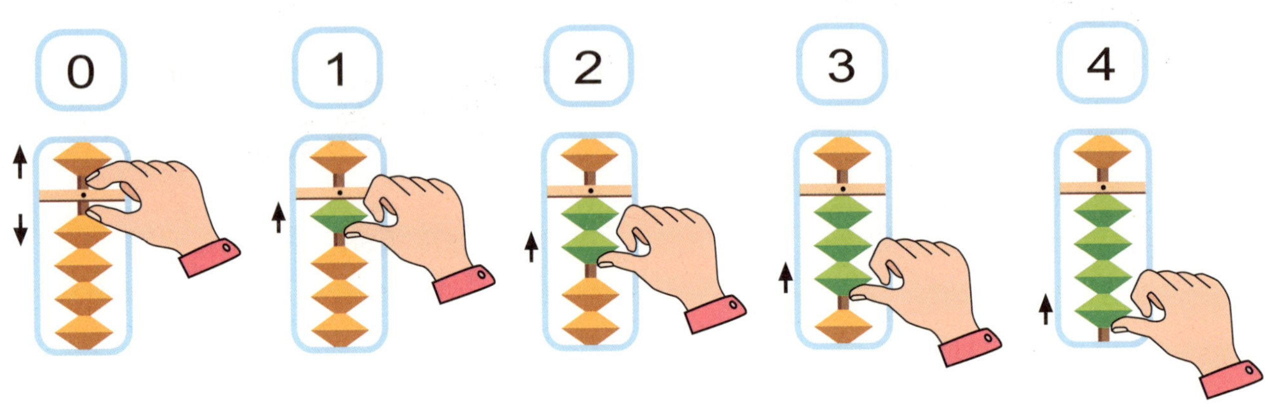

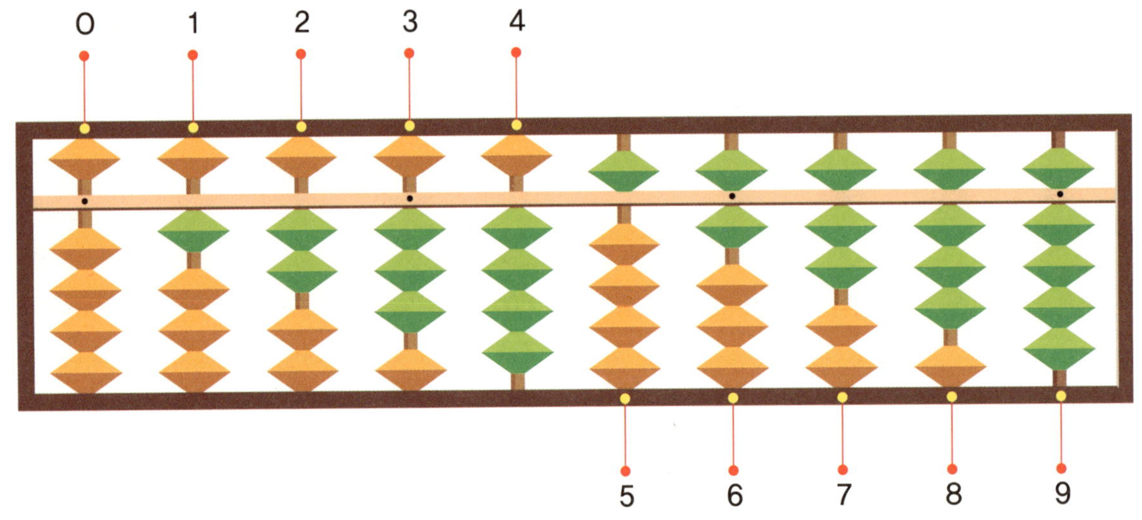

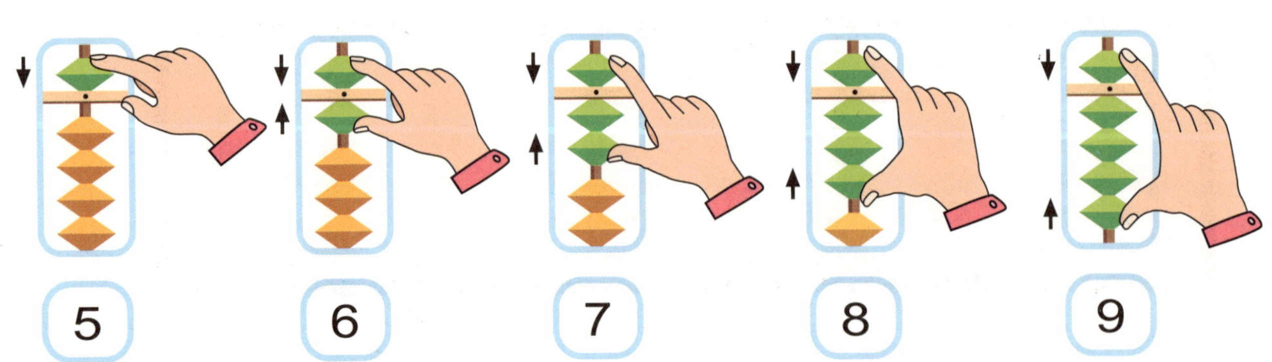

주판에 놓여진 수를 □안에 써 보세요.

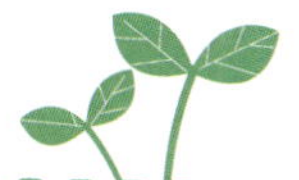

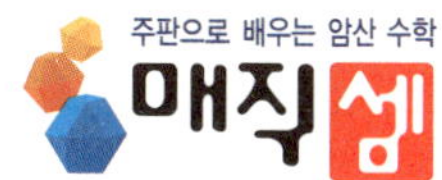

(1)
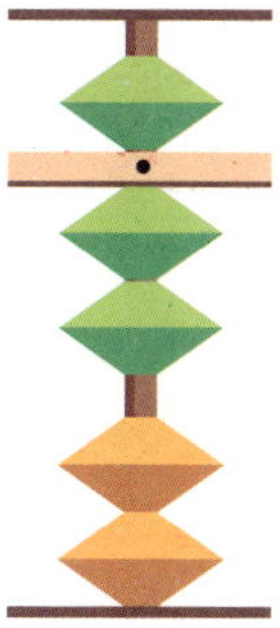

(2)
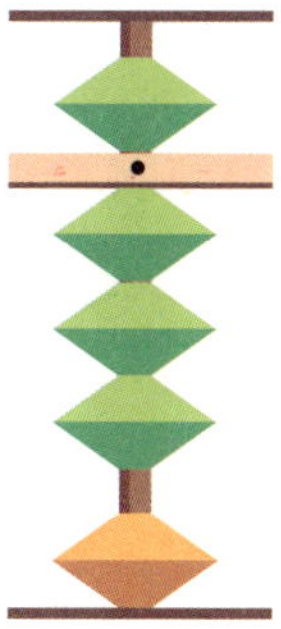

(3)
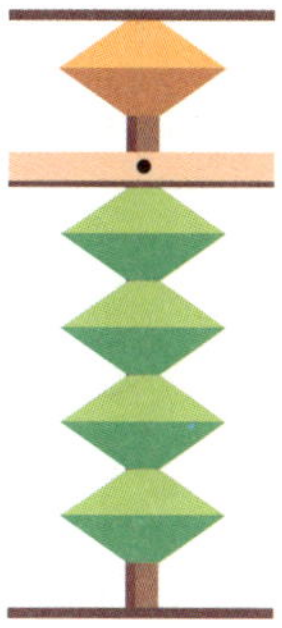

(4)
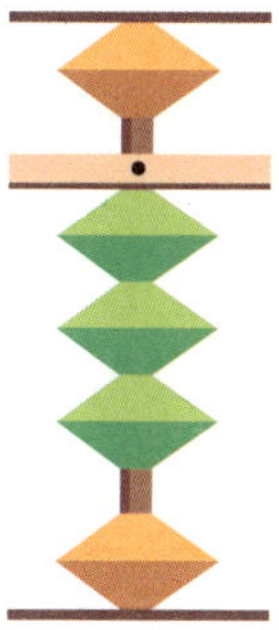

(5)
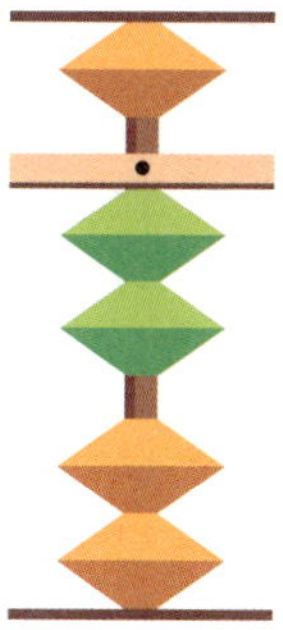

(6)
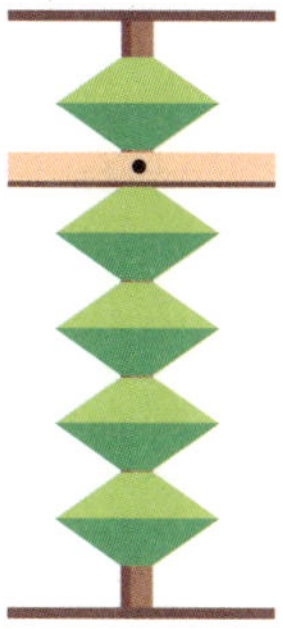

(7)
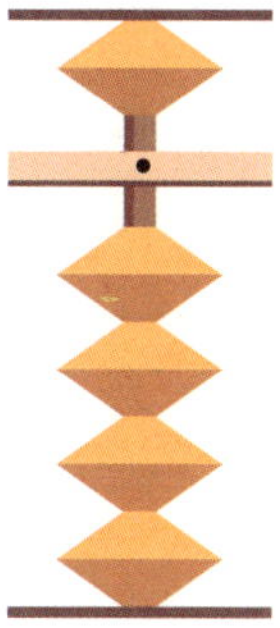

(8)
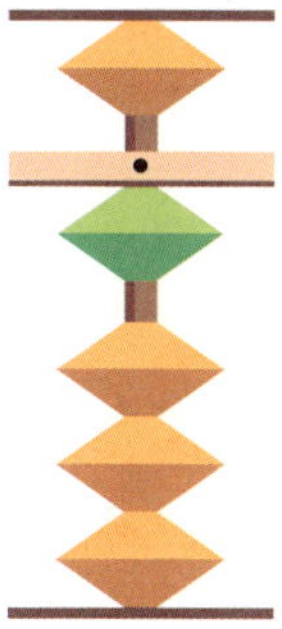

(9)
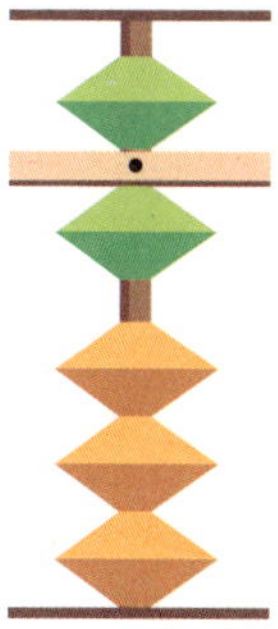

(10)
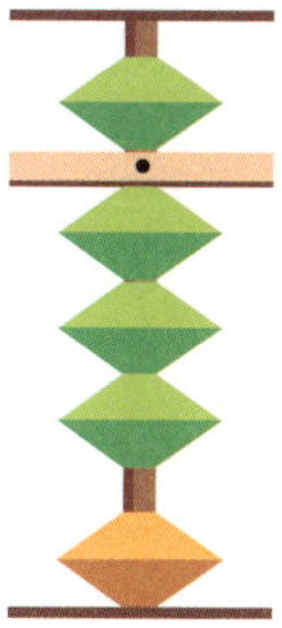

(11)
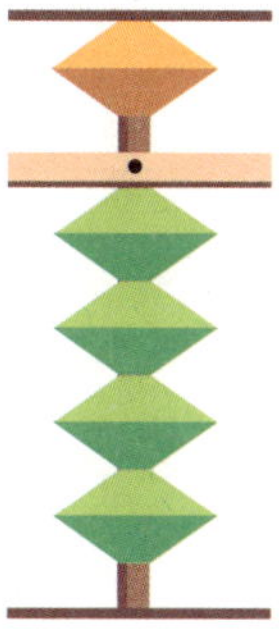

(12)
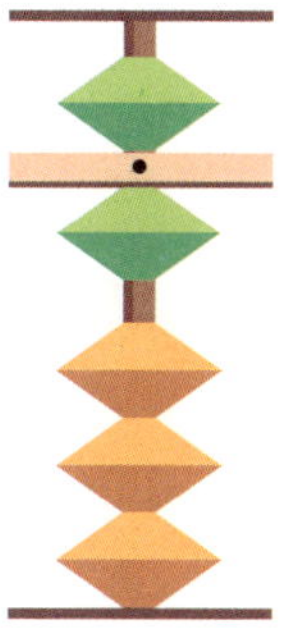

(13)
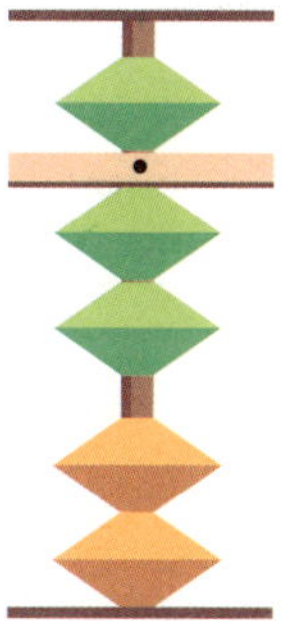

(14)
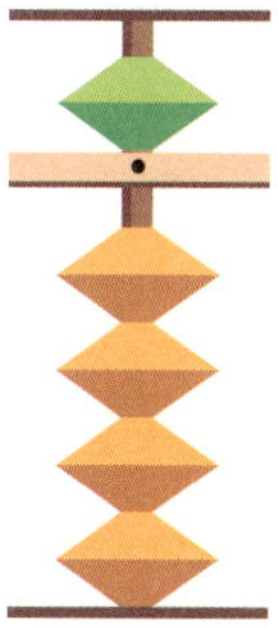

(15)
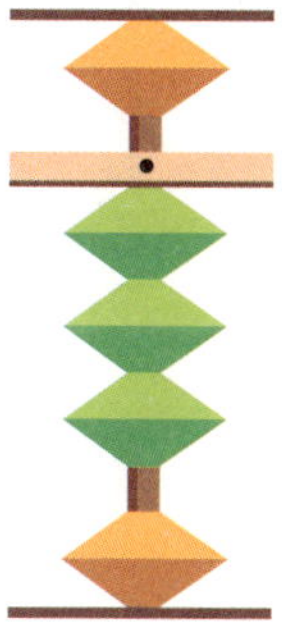

(16)
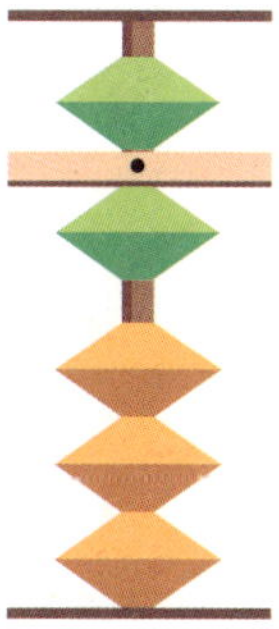

(17)
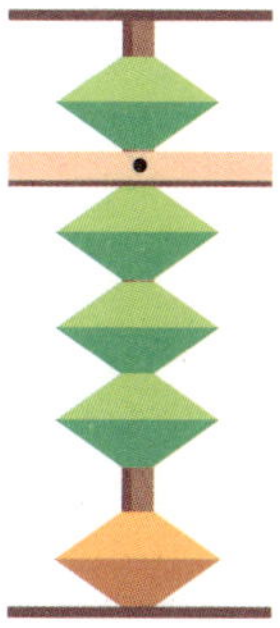

(18)
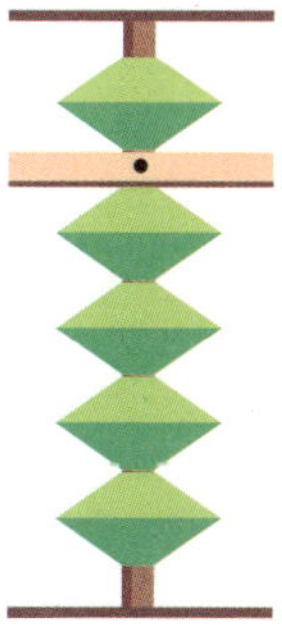

(19)
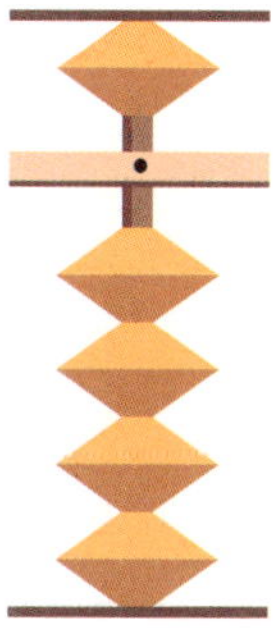

(20)
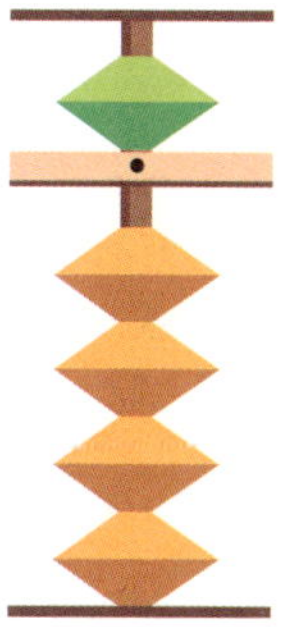

주판에 놓여진 수를 □안에 써 보세요.

(1)
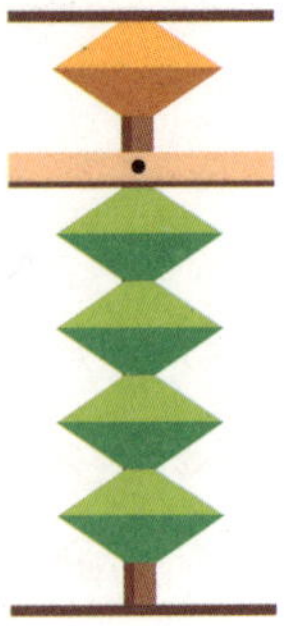

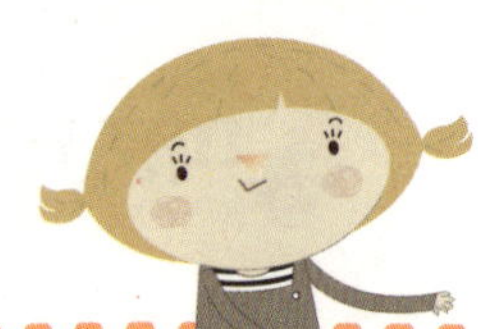

(2)
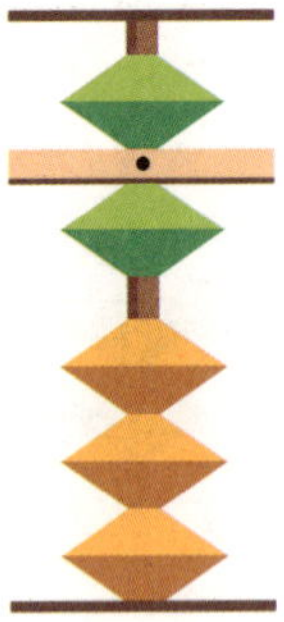

(3)
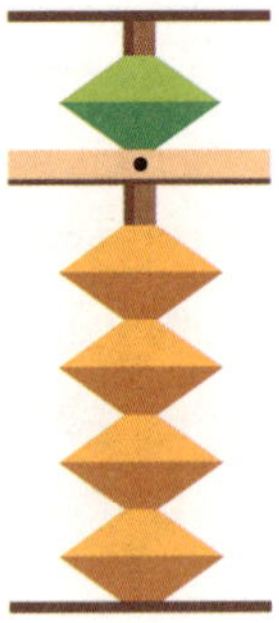

(4)
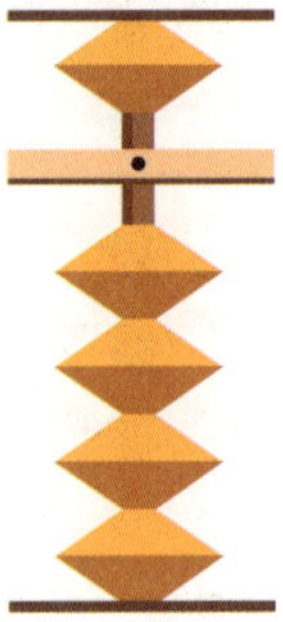

(5)
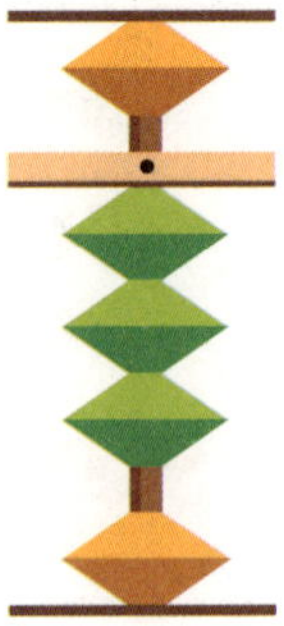

(6)
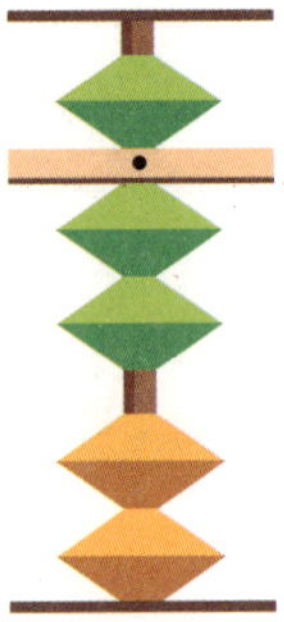

(7)
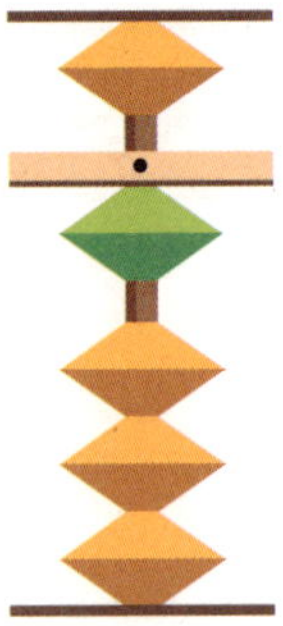

(8)
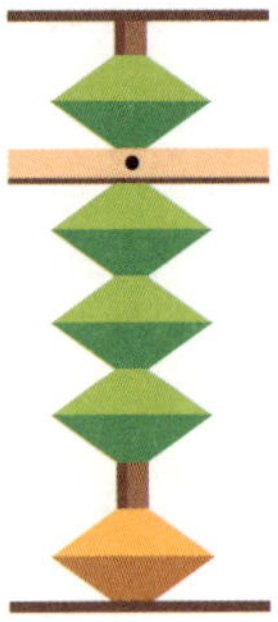

(9)
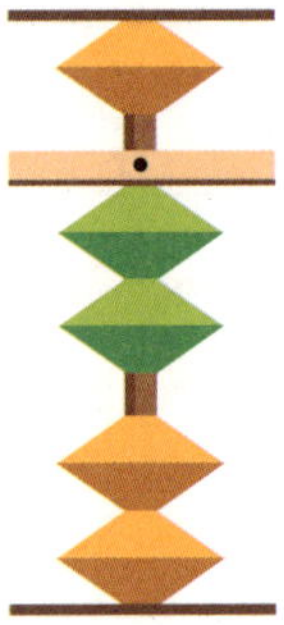

(10)
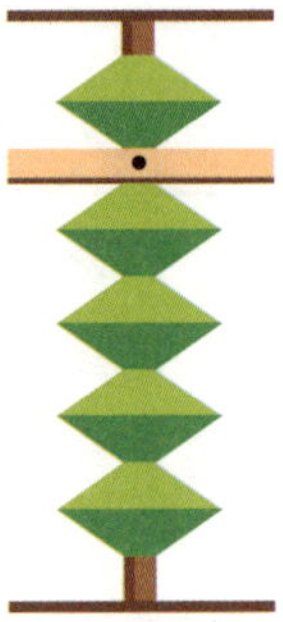

(11)
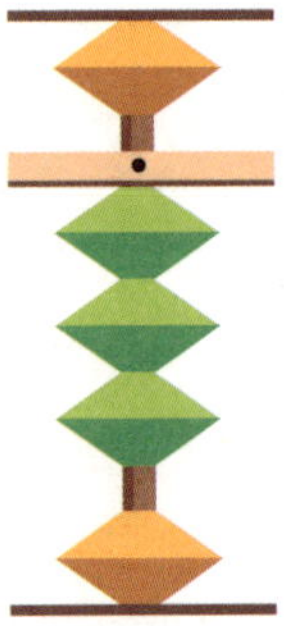

(12)
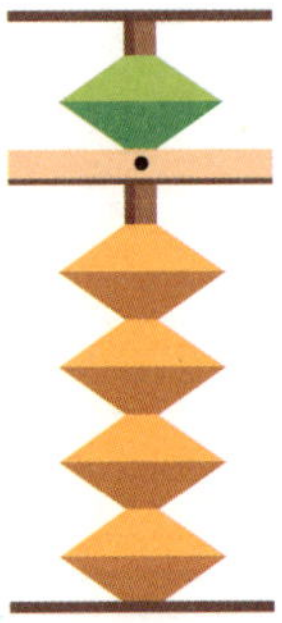

(13)
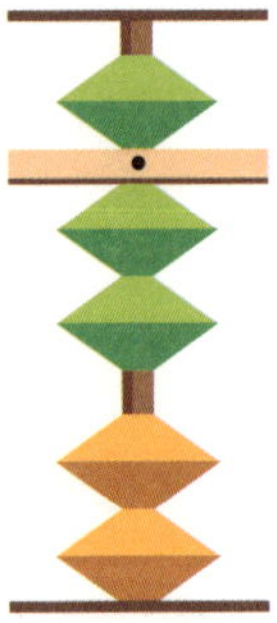

(14)
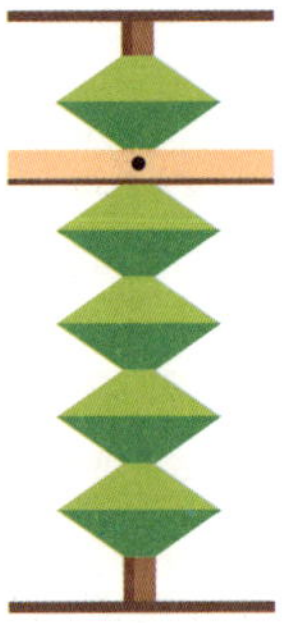

(15)
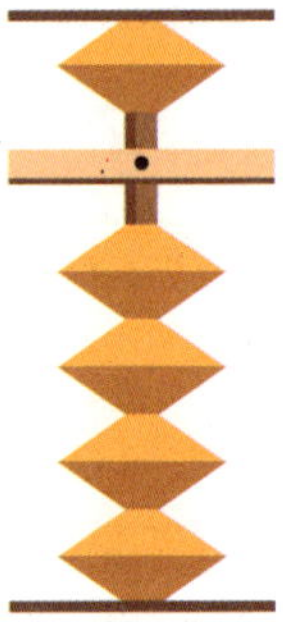

(16)
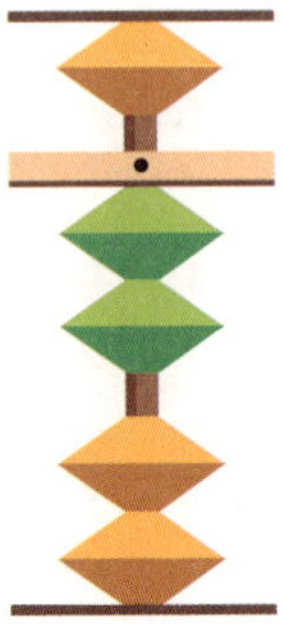

(17)
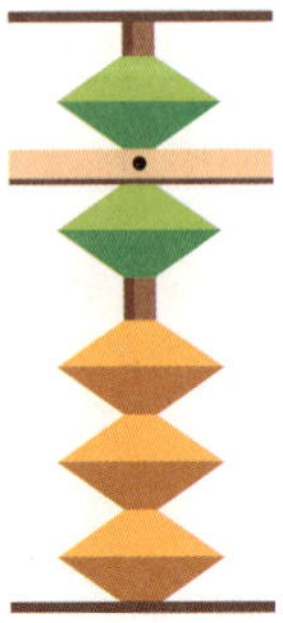

(18)
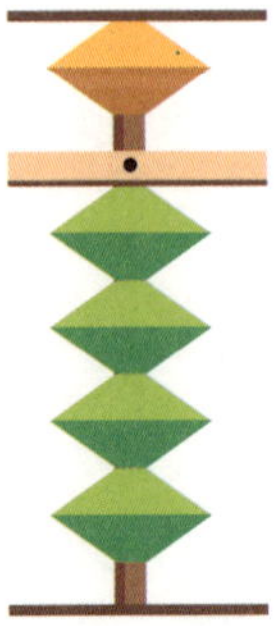

(19)
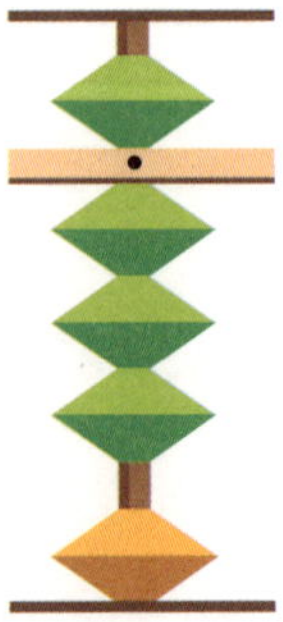

(20)
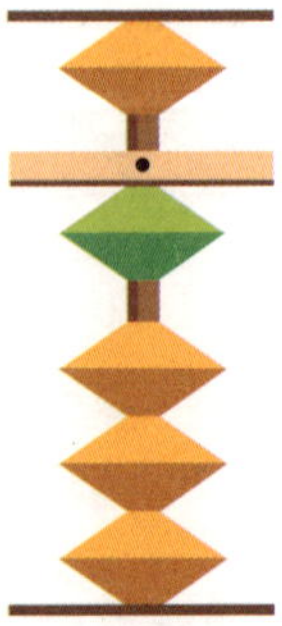

□안에 숫자를 읽어보고 주판알을 색칠해 보세요.

(1) 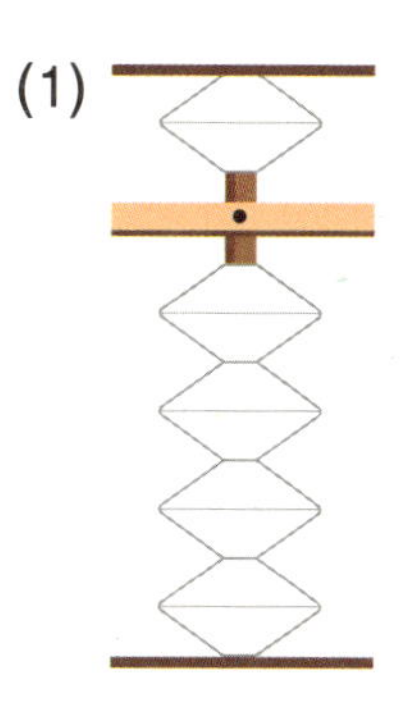
2

(2) 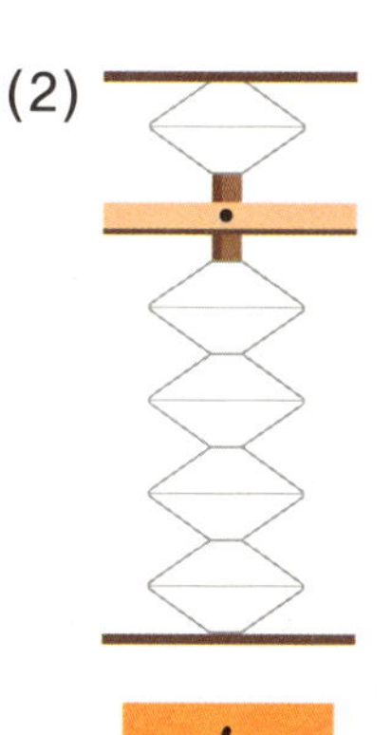
4

(3) 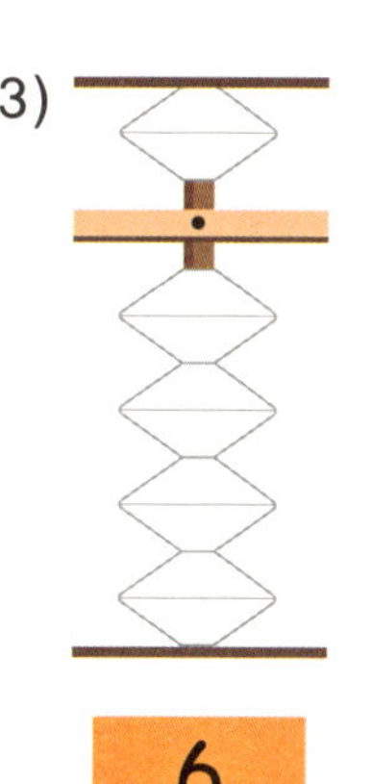
6

(4) 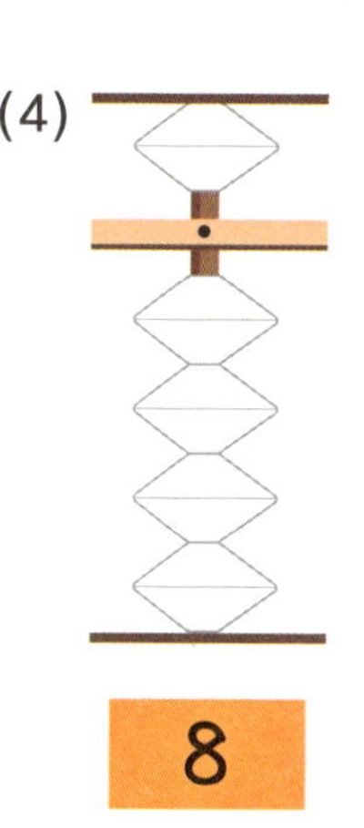
8

(5) 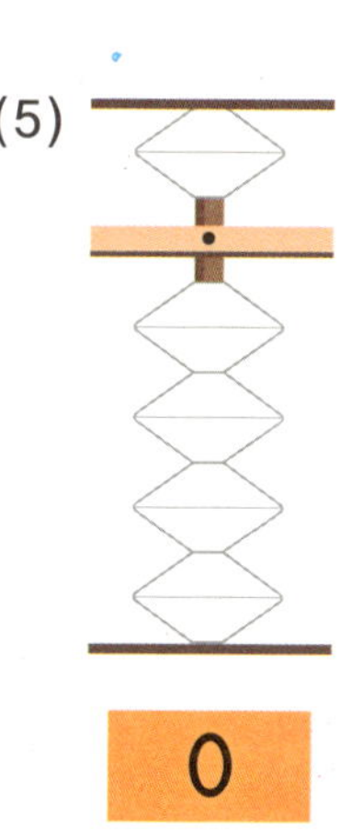
0

(6) 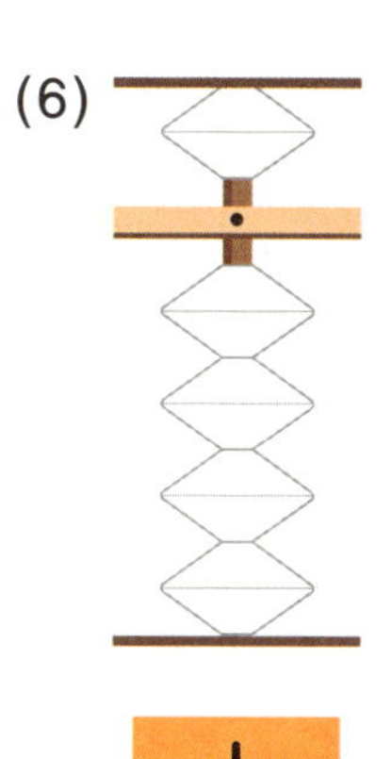
1

(7) 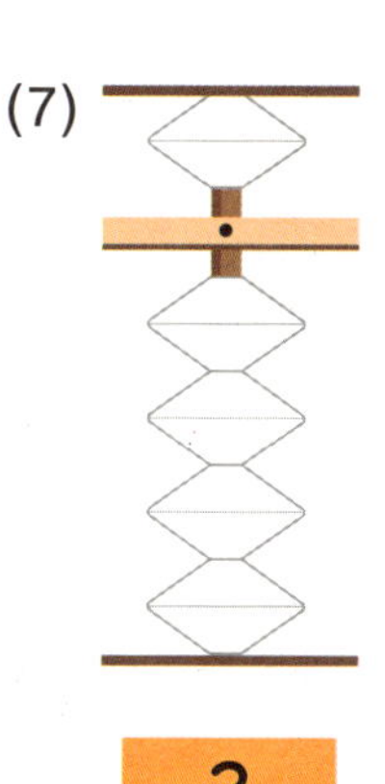
3

(8) 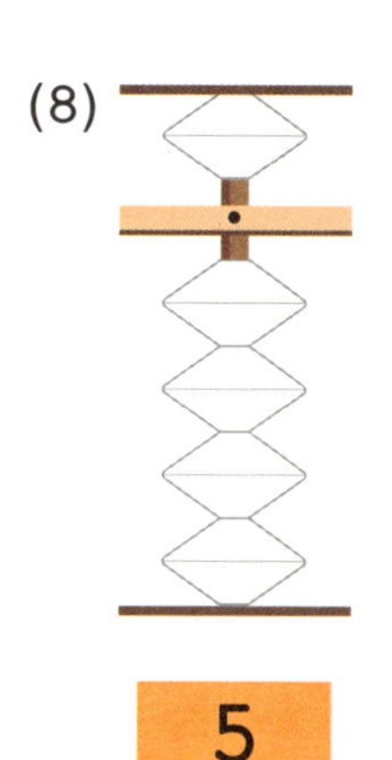
5

(9) 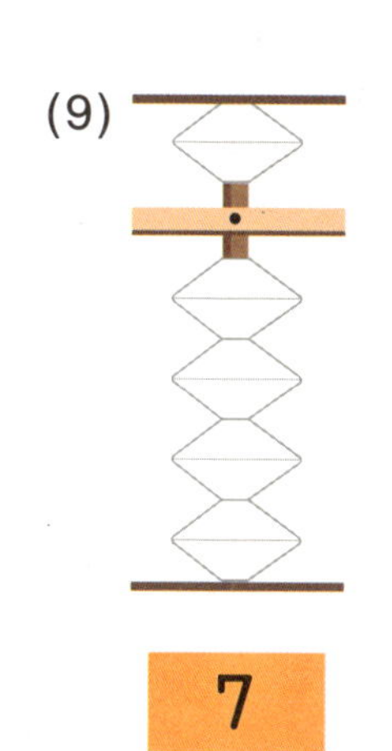
7

(10) 
9

(11) 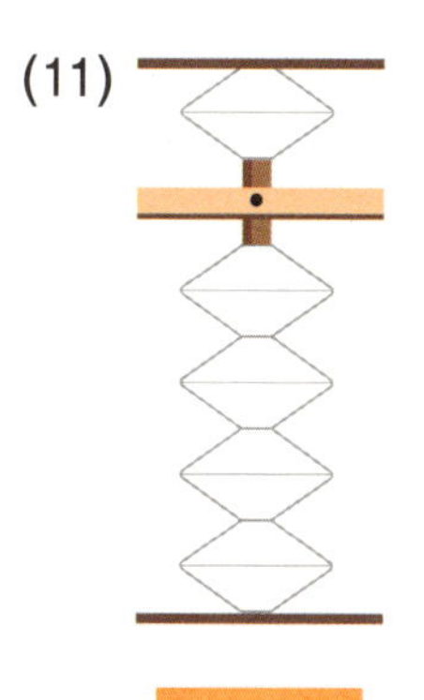
8

(12) 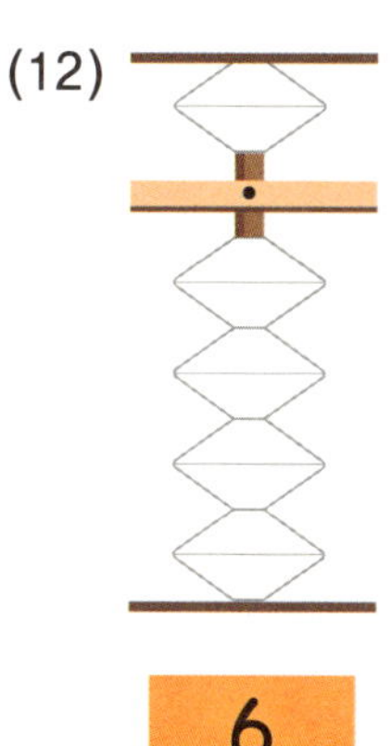
6

(13) 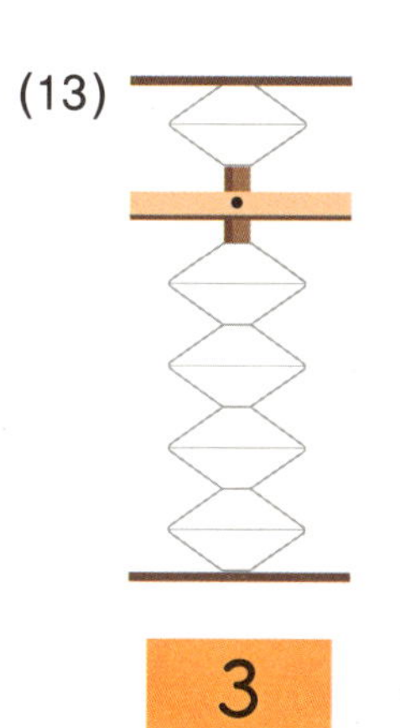
3

(14) 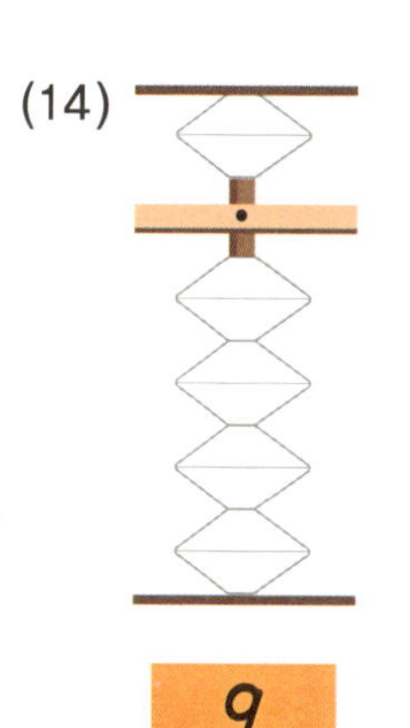
9

(15) 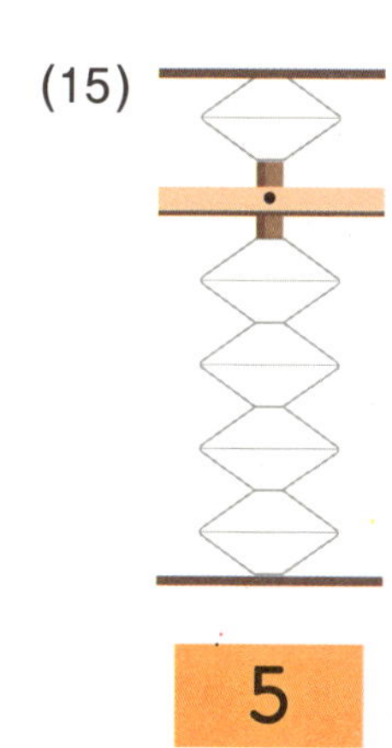
5

(16) 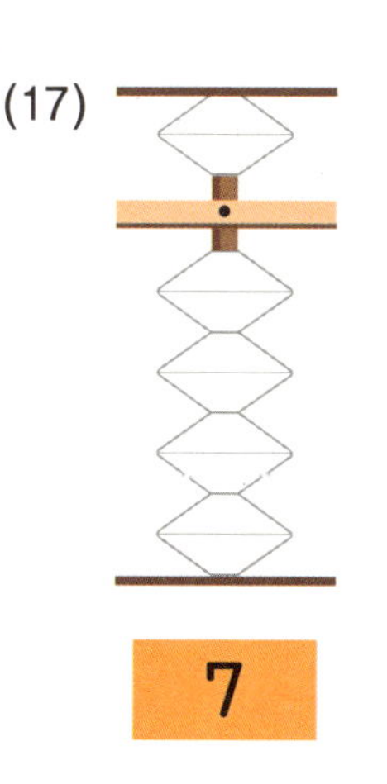
2

(17) 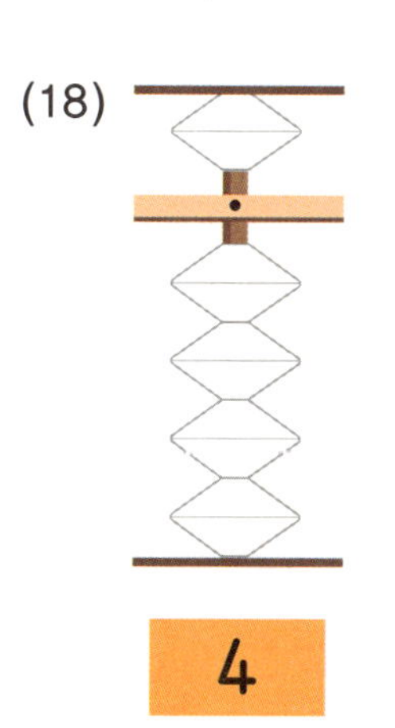
7

(18) 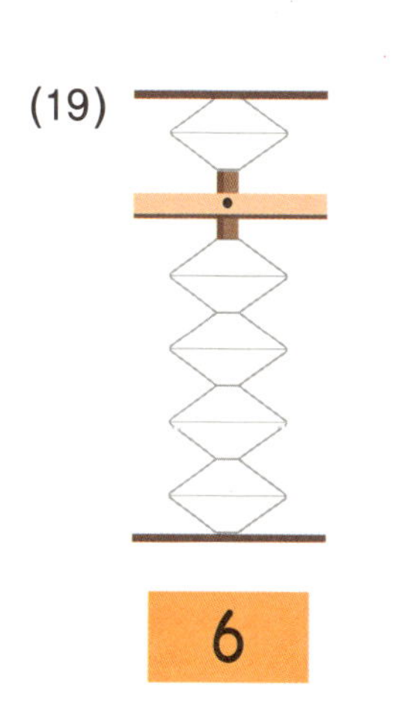
4

(19) 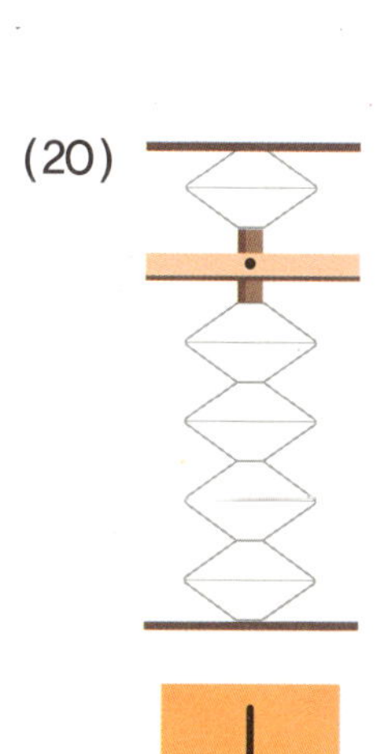
6

(20)
1

기초단계

(1) 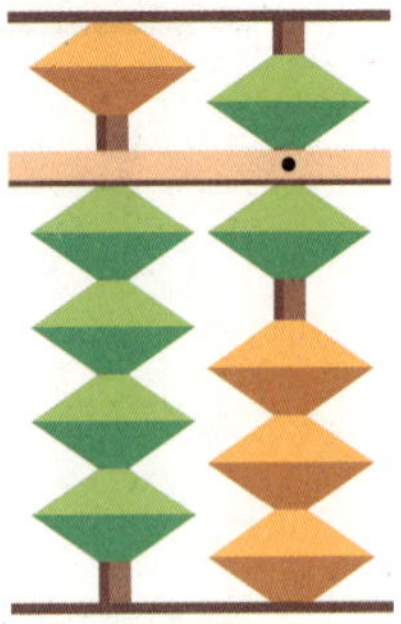 (2) 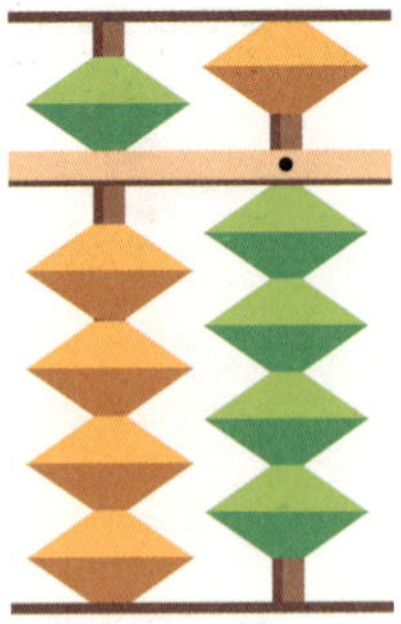 (3) 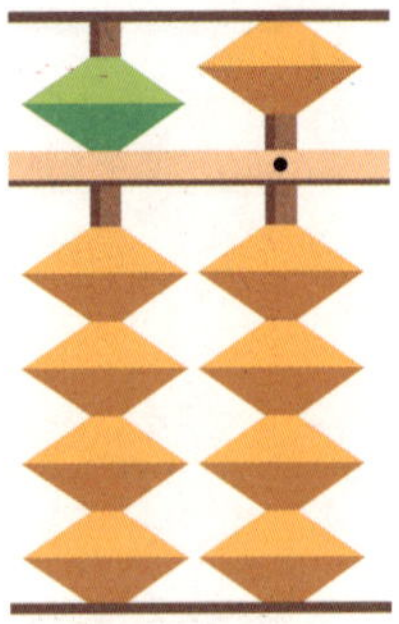 (4) 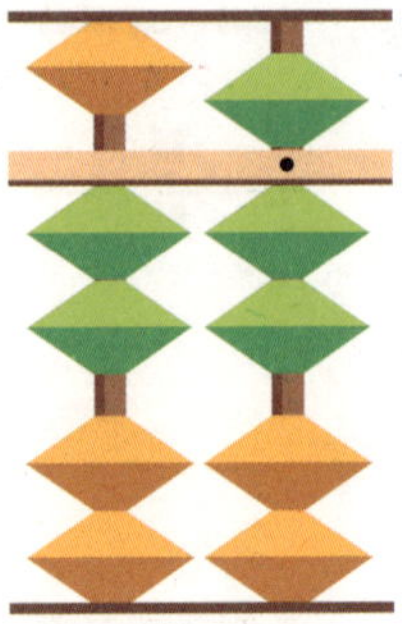 (5)

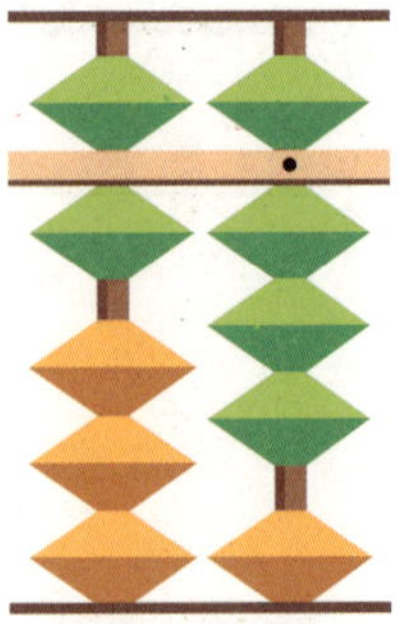

(6) 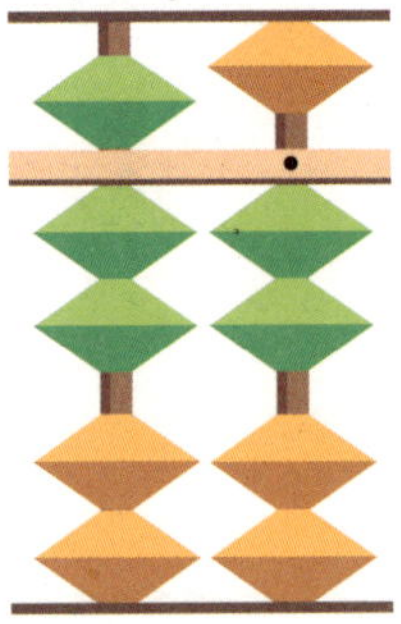 (7) 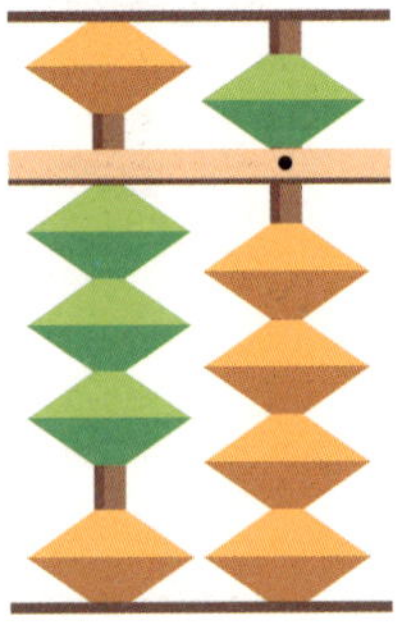 (8) 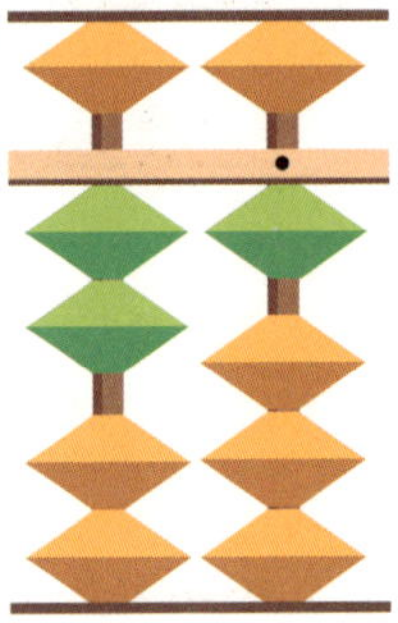 (9) 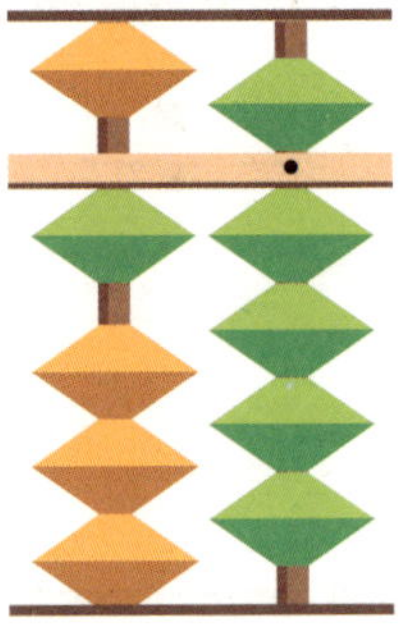 (10)

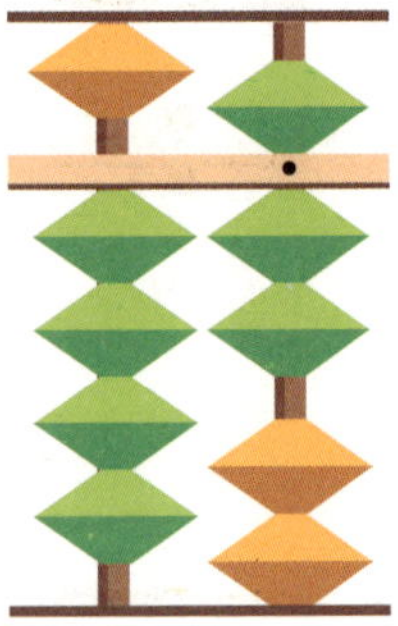

(11) 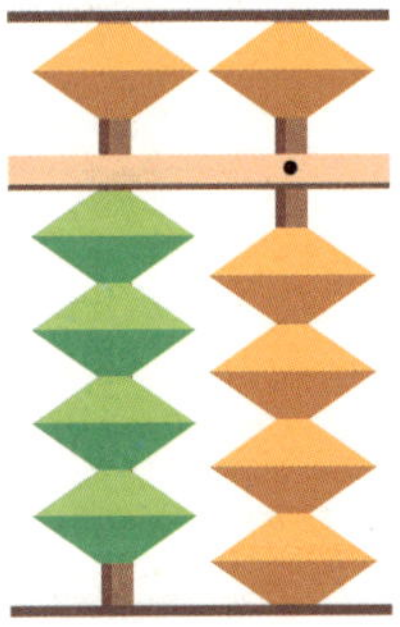 (12) 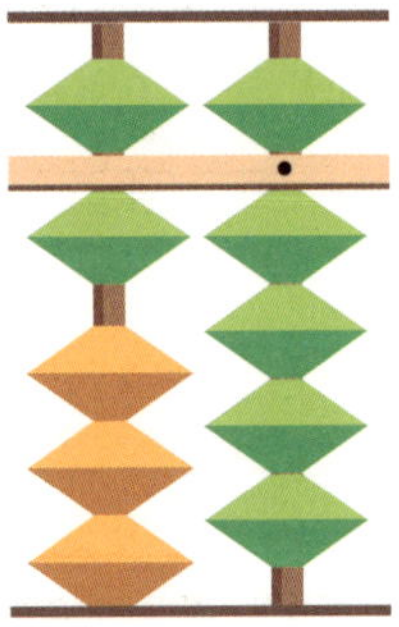 (13) 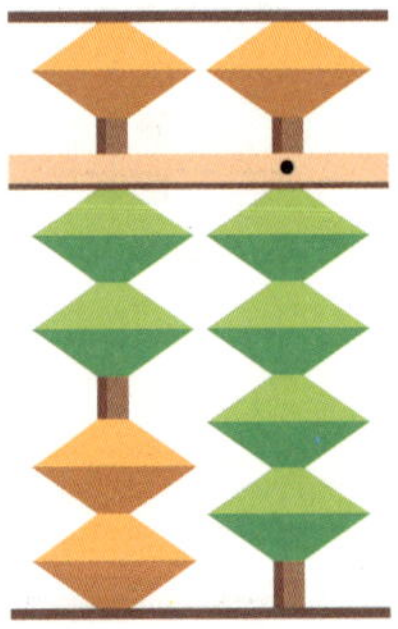 (14) 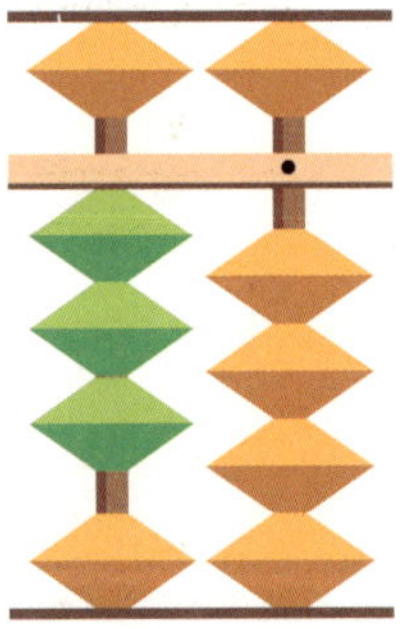 (15)

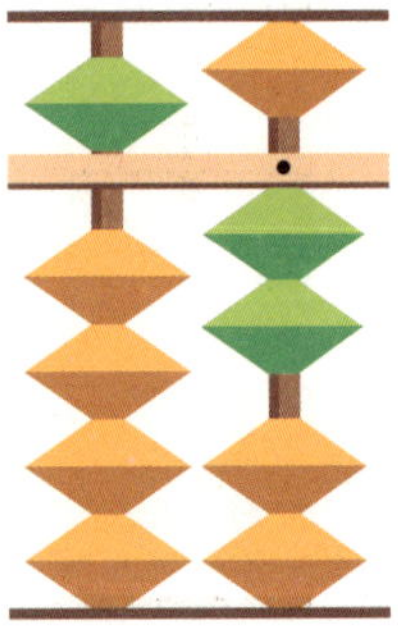

(16) 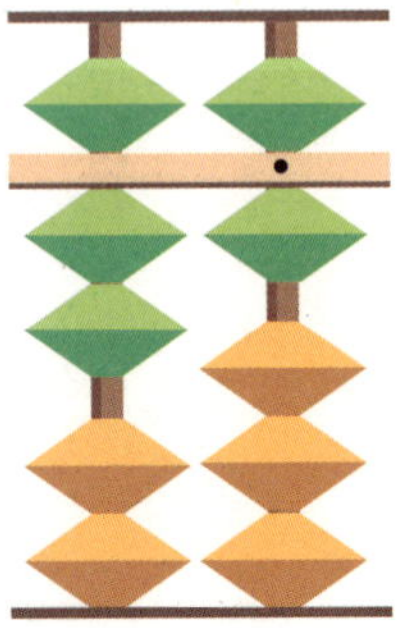 (17) 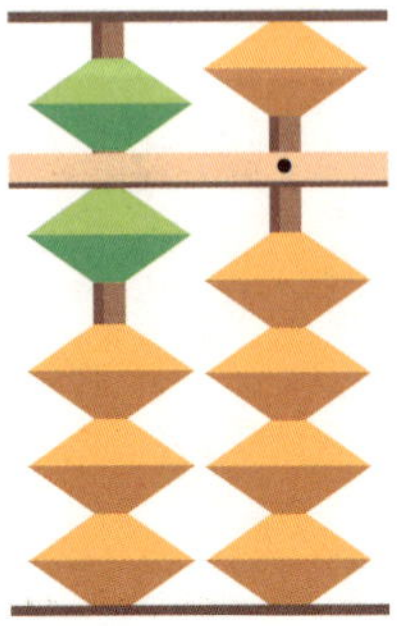 (18) 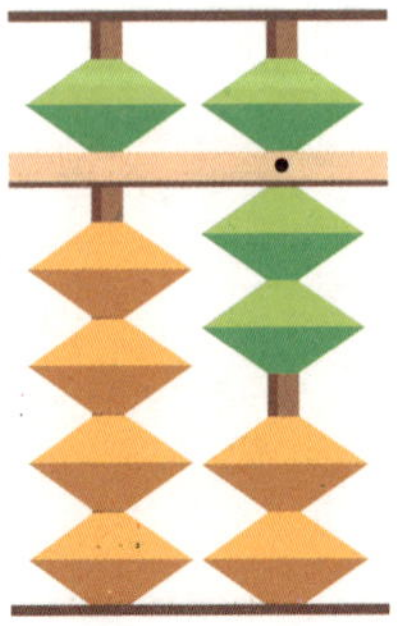 (19) 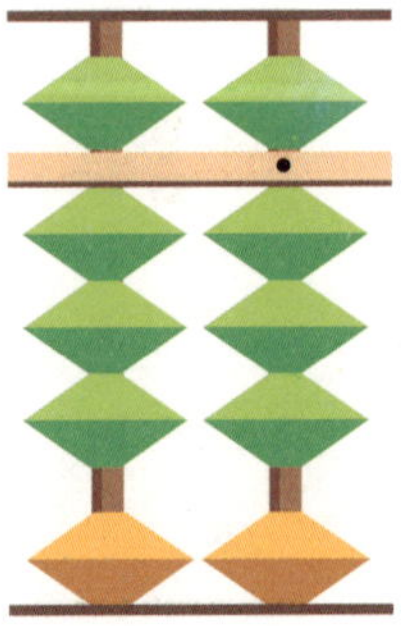 (20)

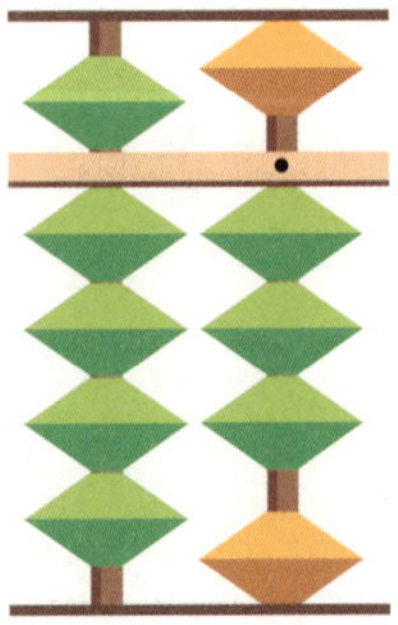

기초단계

□안에 숫자를 읽어보고 주판알을 색칠해 보세요.

(1) 14

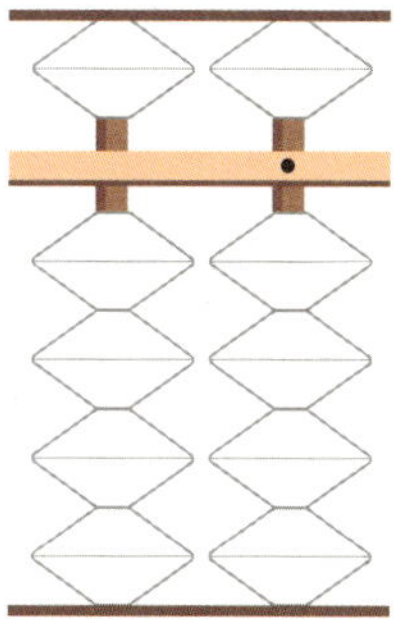

(2) 62

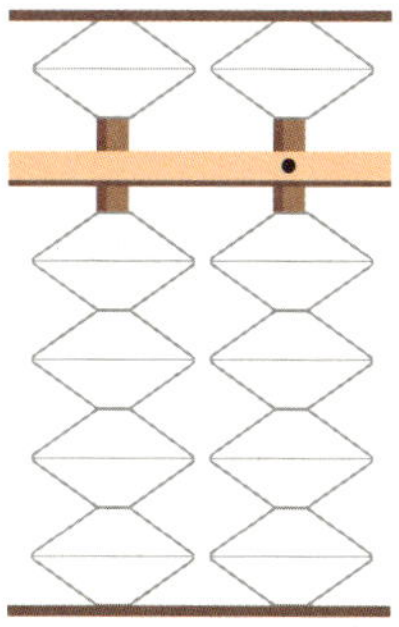

(3) 53

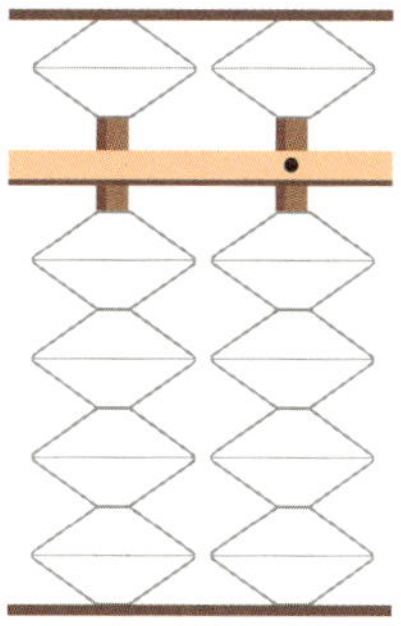

(4) 73

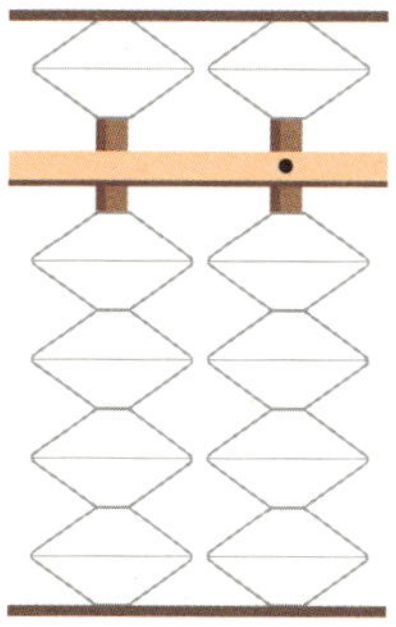

(5) 98

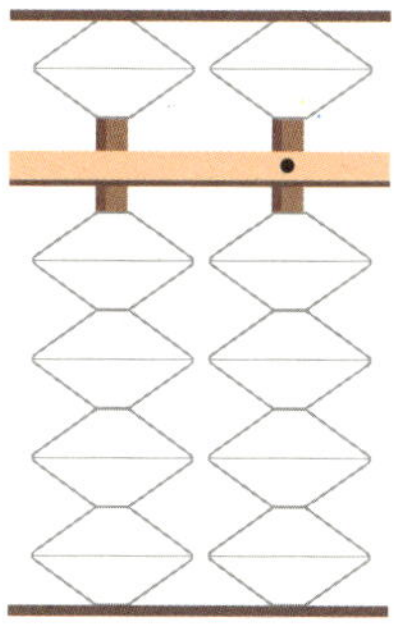

(6) 50

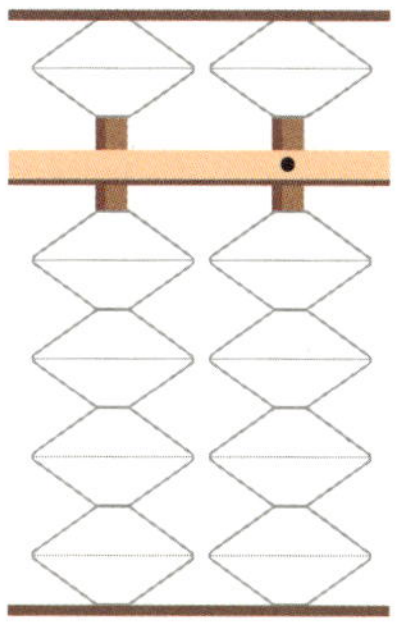

(7) 39

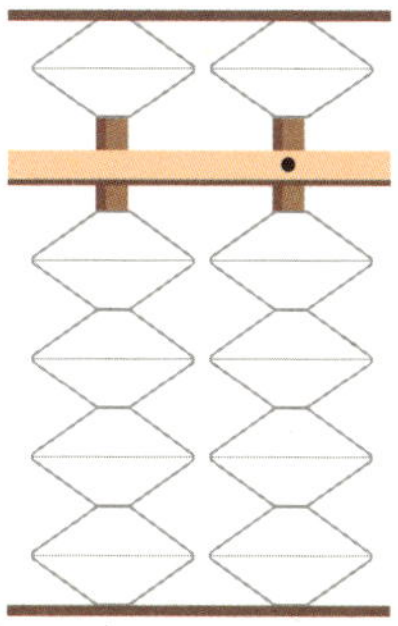

(8) 68

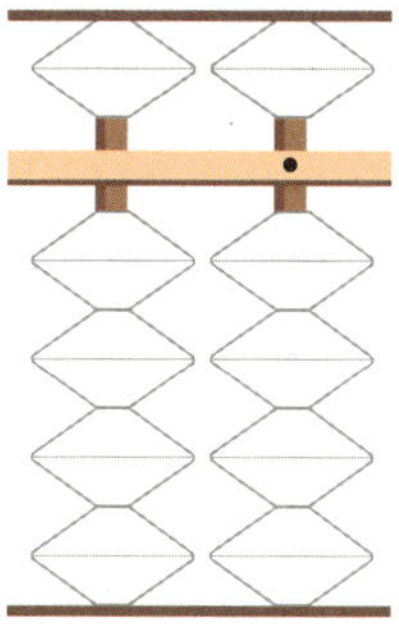

(9) 27

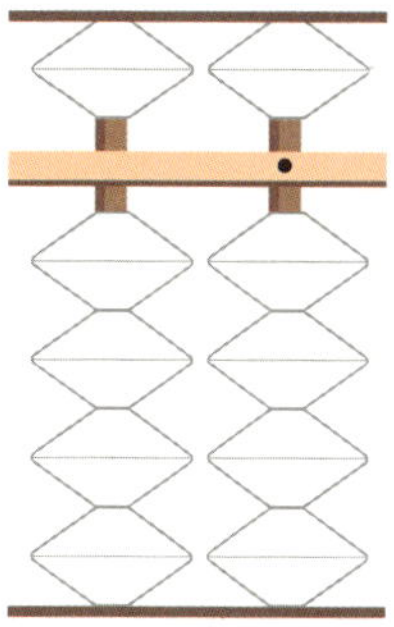

(10) 48

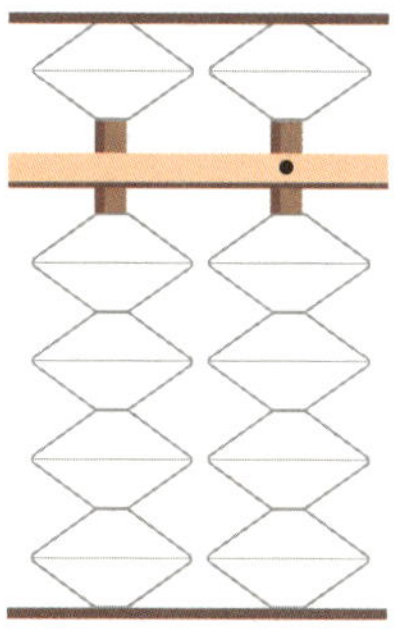

(11) 18

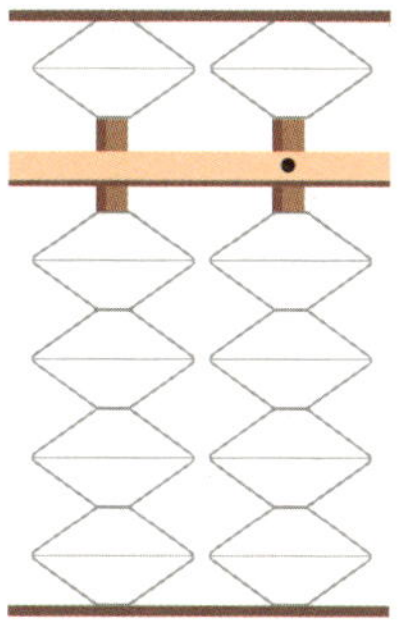

(12) 64

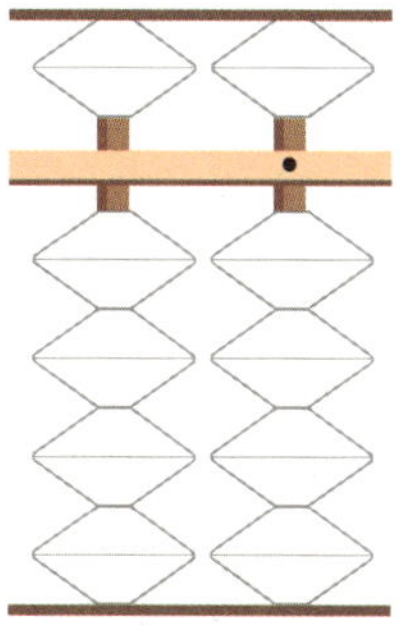

(13) 75

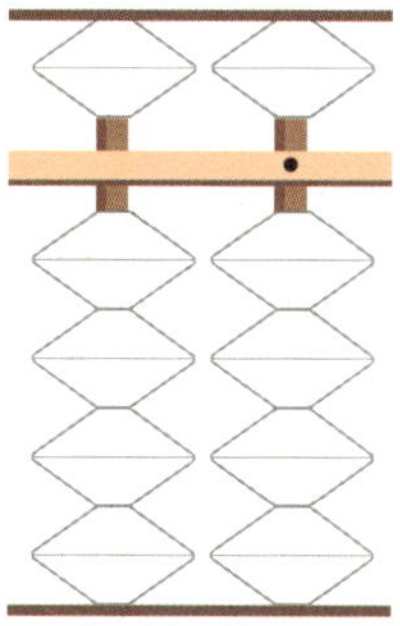

(14) 61

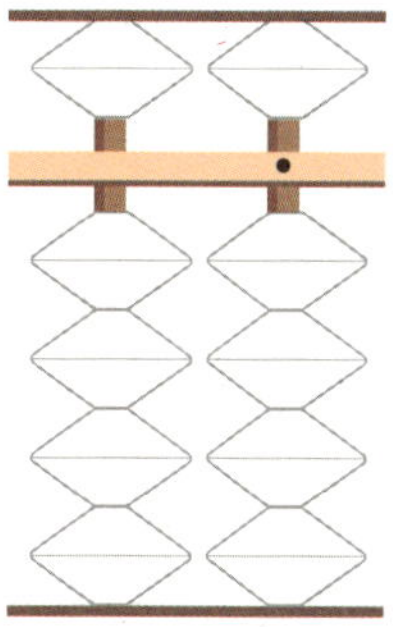

(15) 12

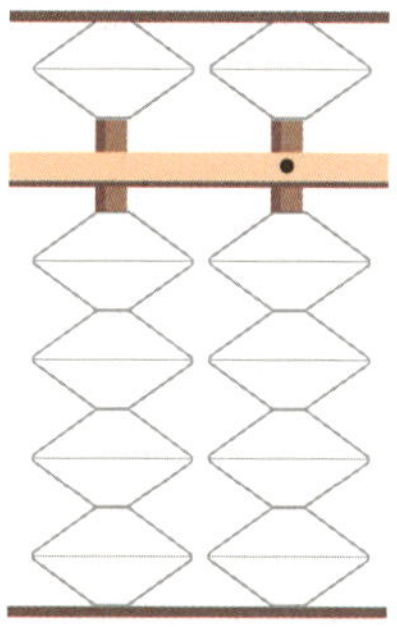

(16) 82

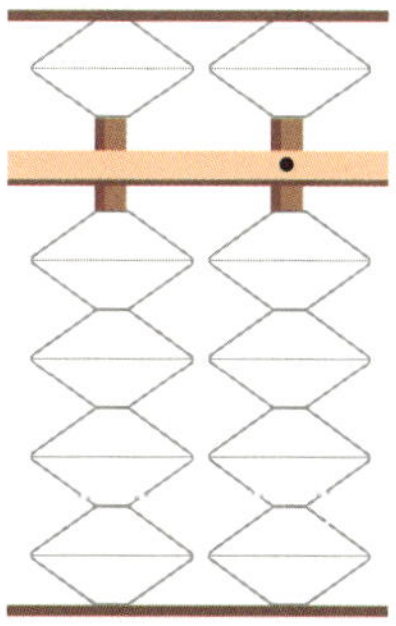

(17) 94

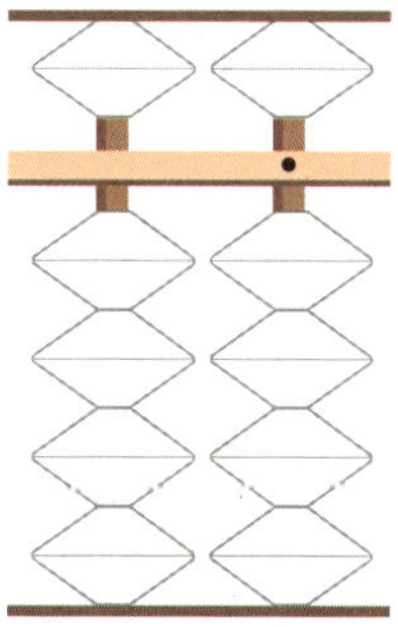

(18) 38

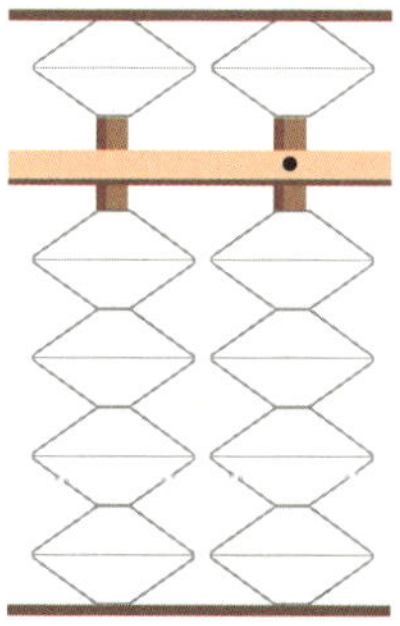

(19) 25

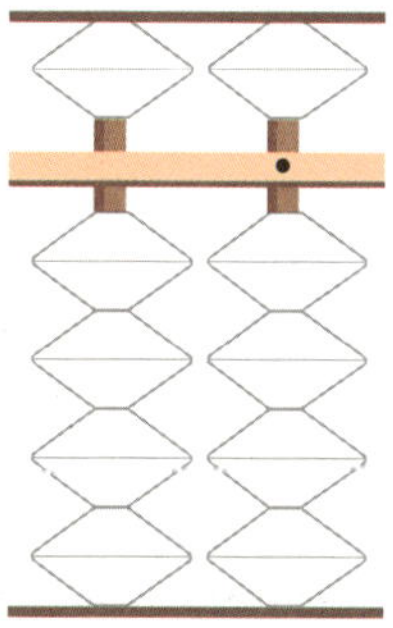

(20) 77

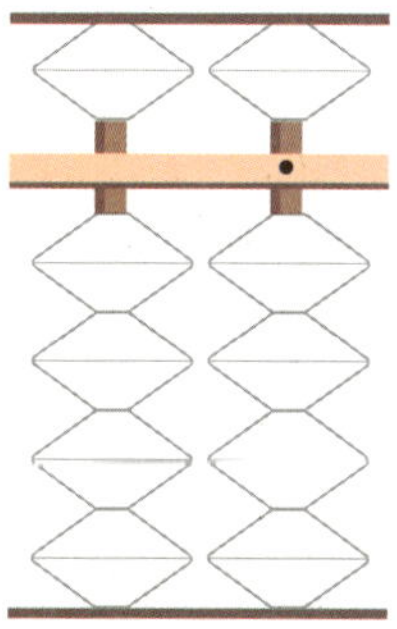

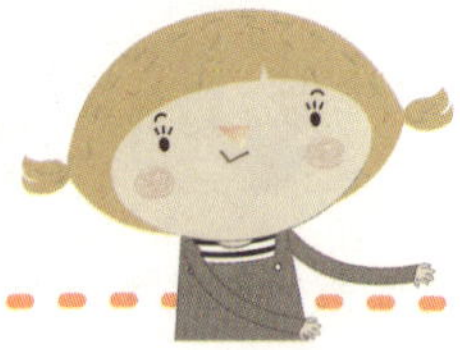

(1)

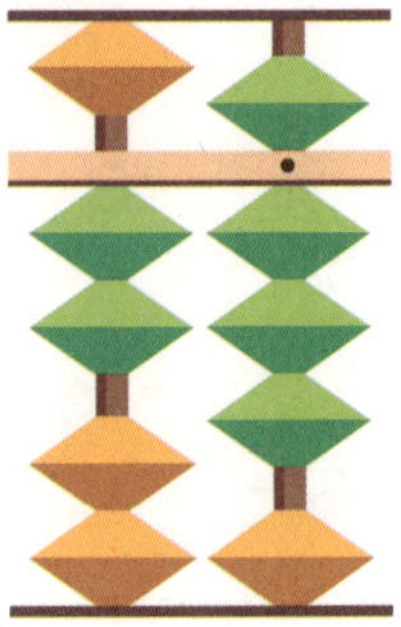

(2)

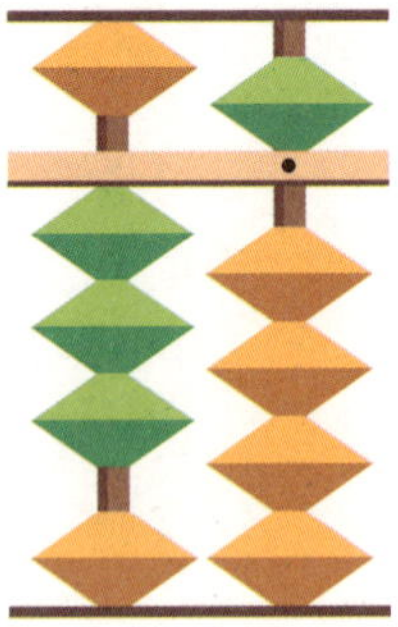

(3)

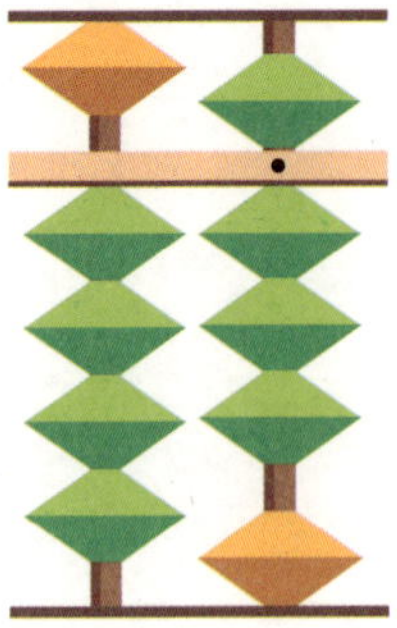

(4)

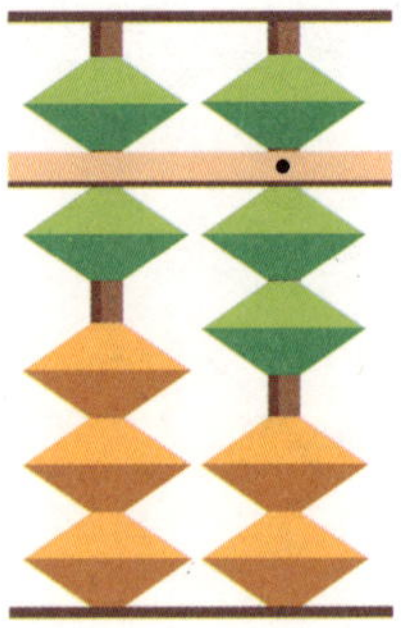

(5)

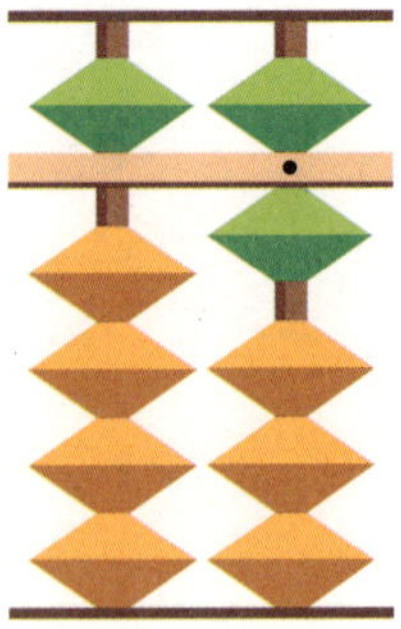

(6)

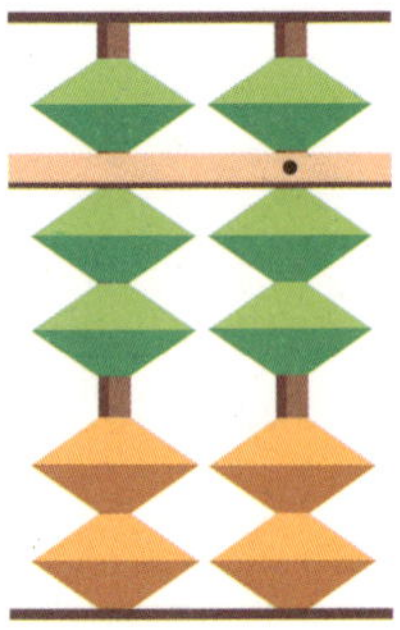

(7)

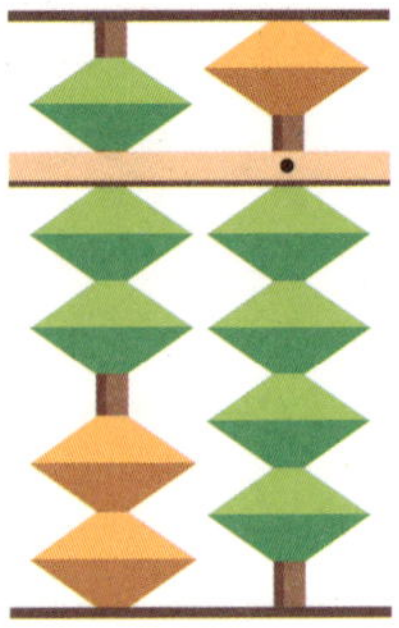

(8)

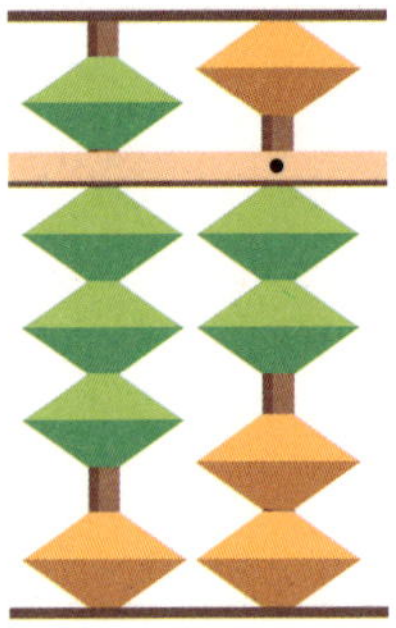

(9)

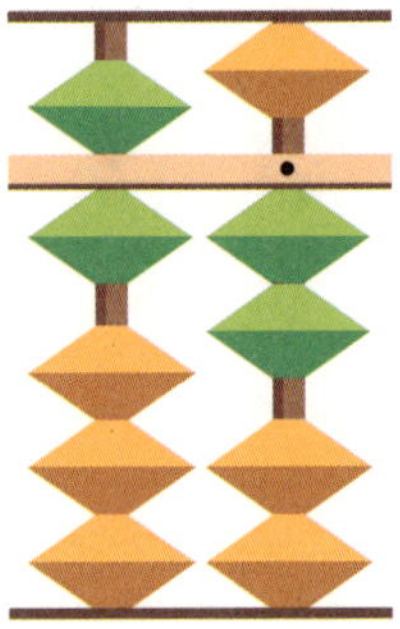

(10)

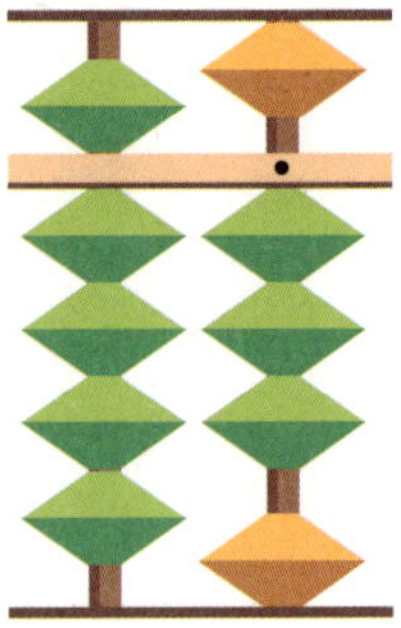

(11)

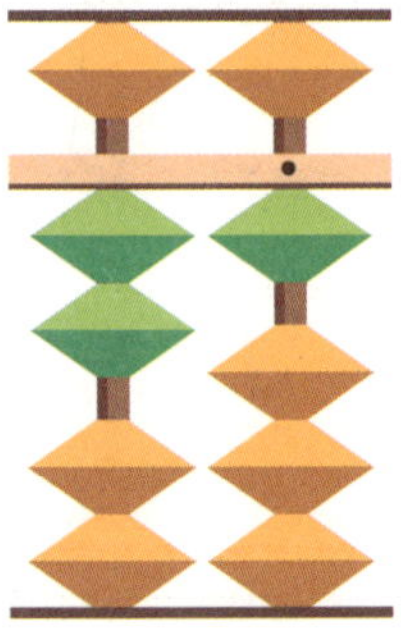

(12)

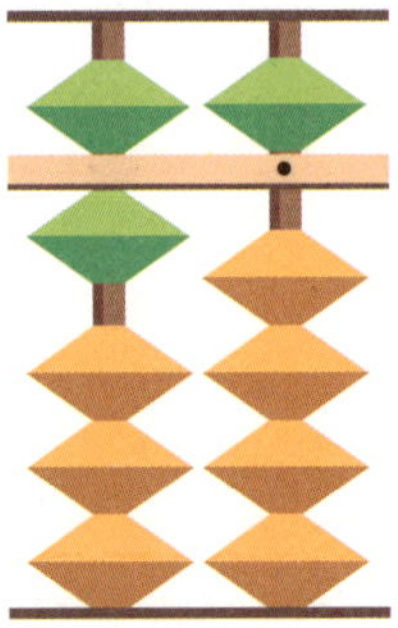

(13)

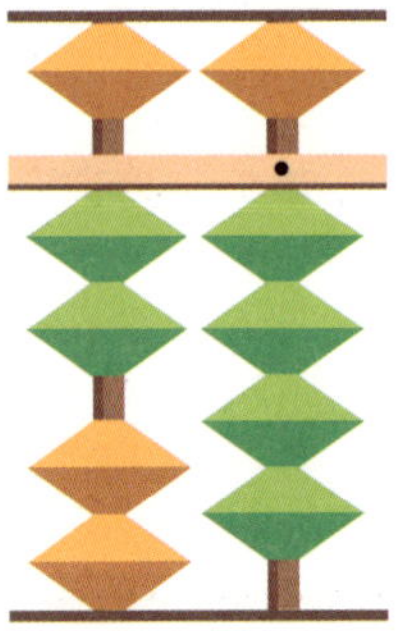

(14)

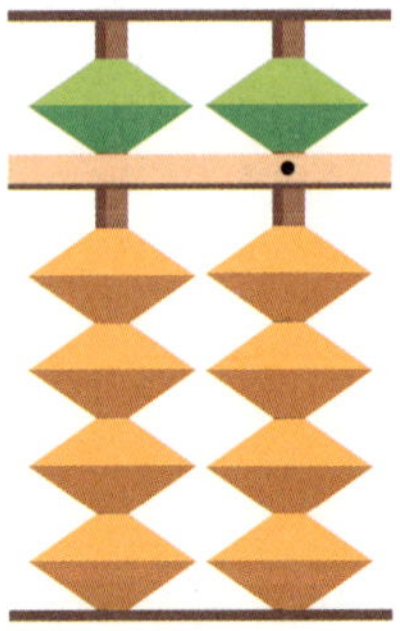

(15)

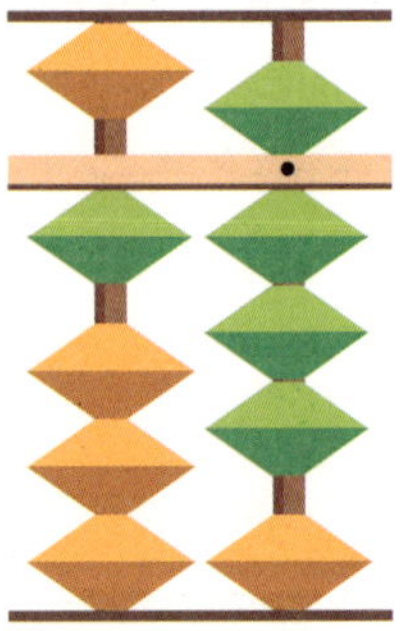

(16)

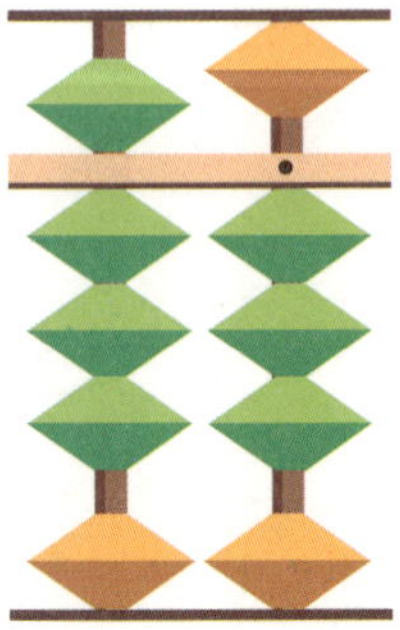

(17)

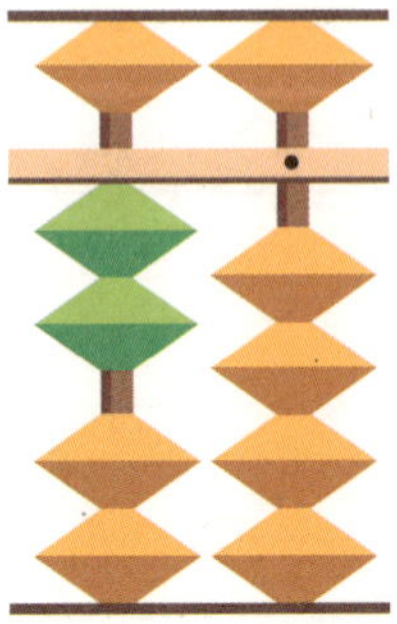

(18)

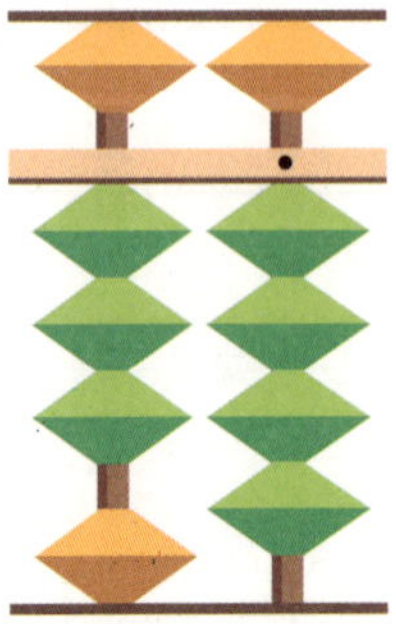

(19)

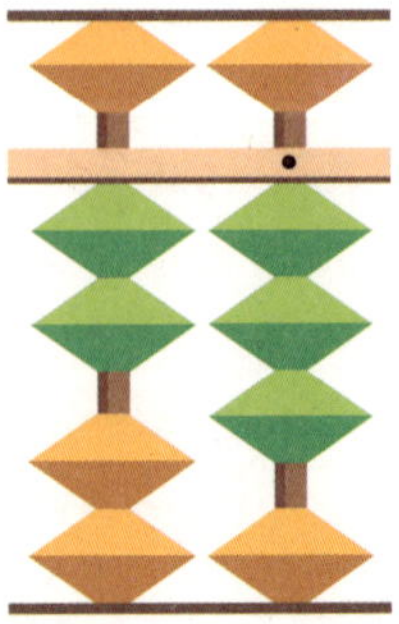

(20)

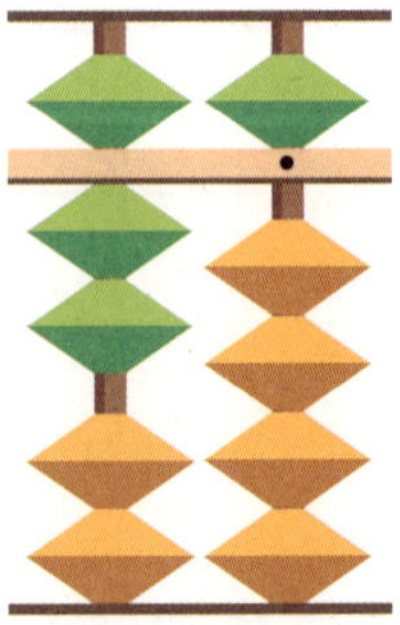

(1)	(2)	(3)	(4)	(5)
41	26	55	57	89

(6)	(7)	(8)	(9)	(10)
90	93	96	72	84

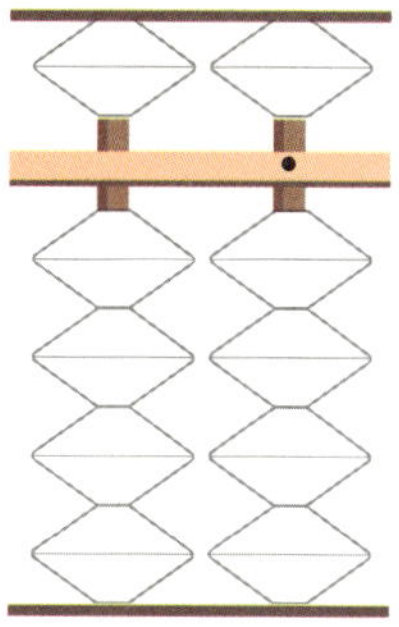

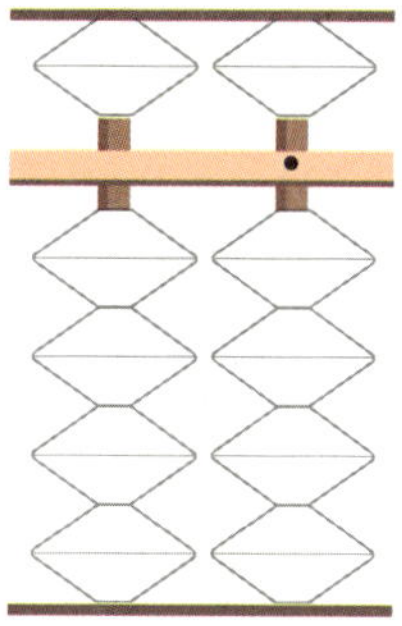

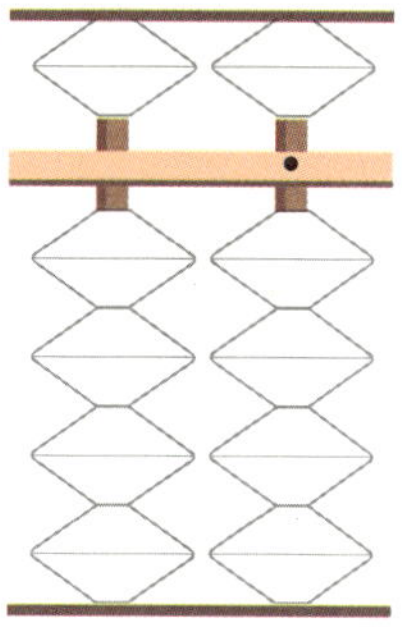

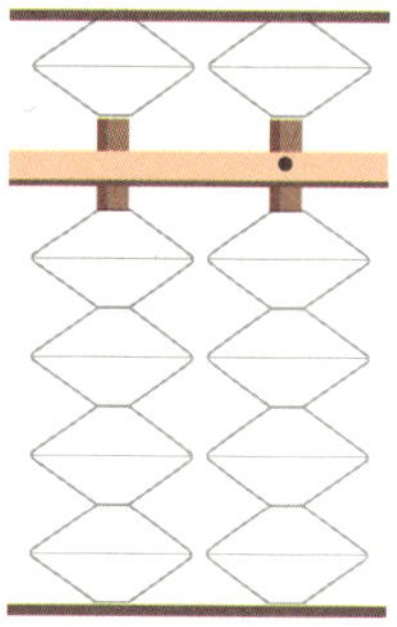

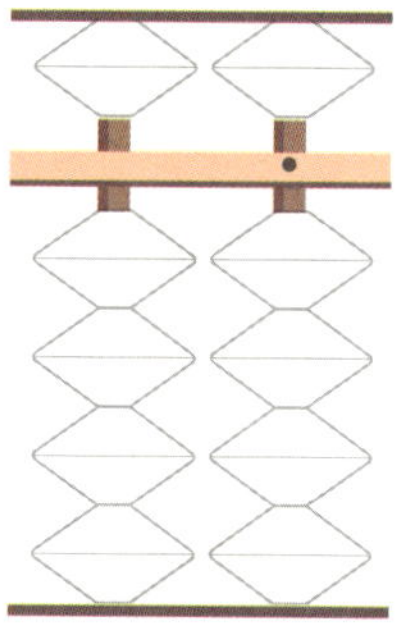

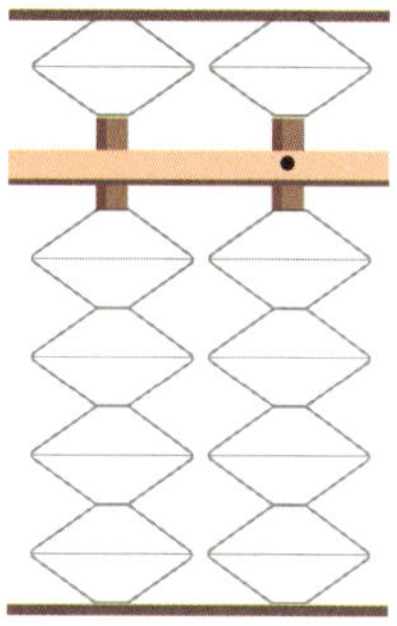

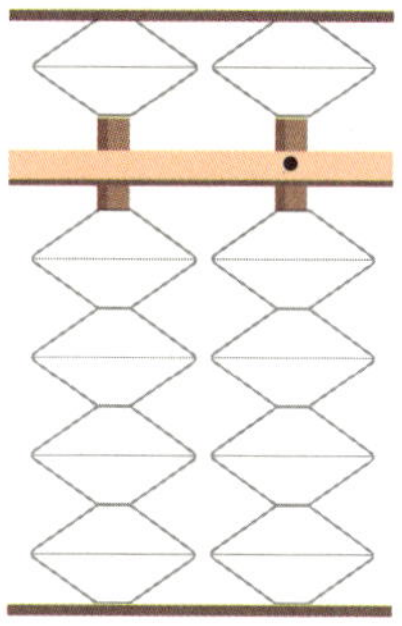

(11)	(12)	(13)	(14)	(15)
32	36	45	66	71

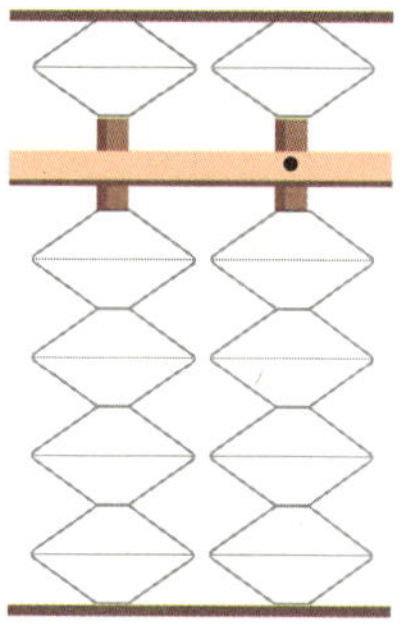

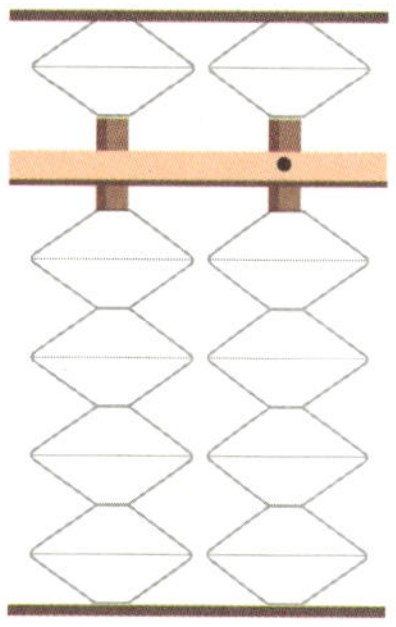

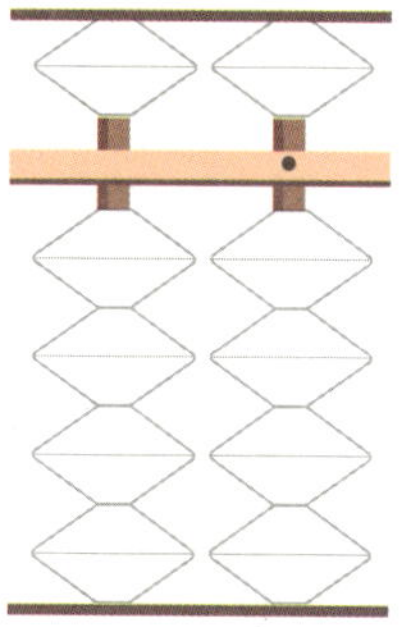

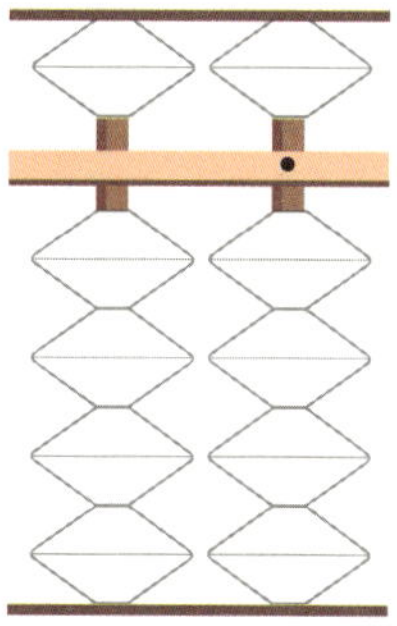

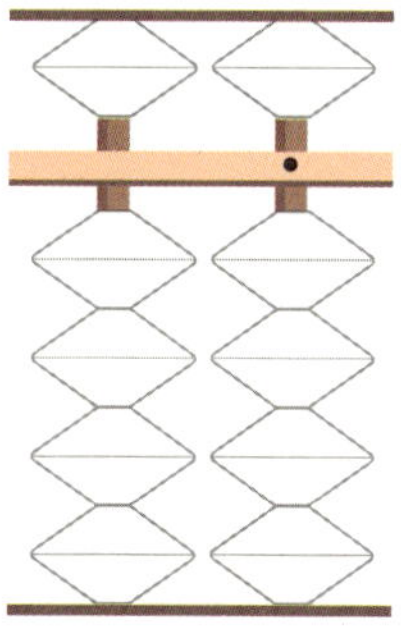

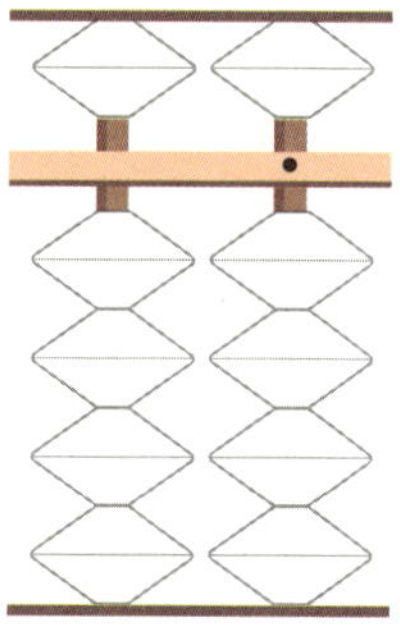

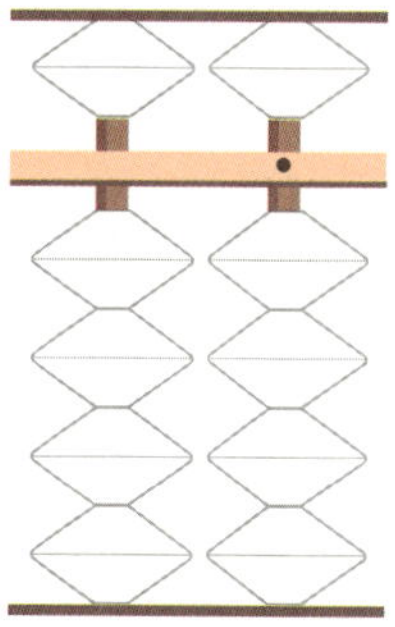

(16)	(17)	(18)	(19)	(20)
28	86	40	52	37

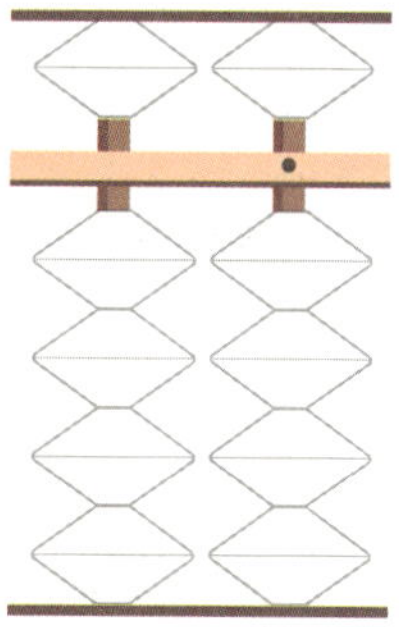

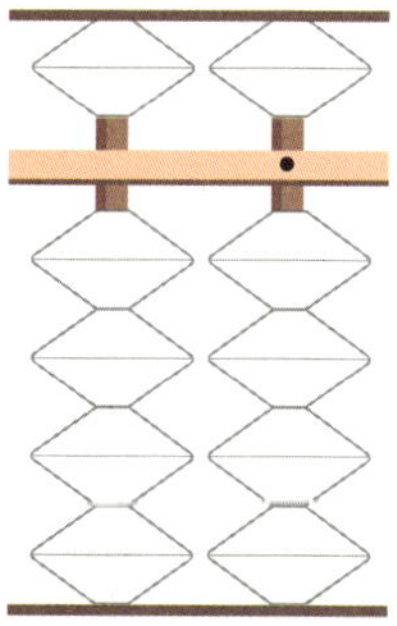

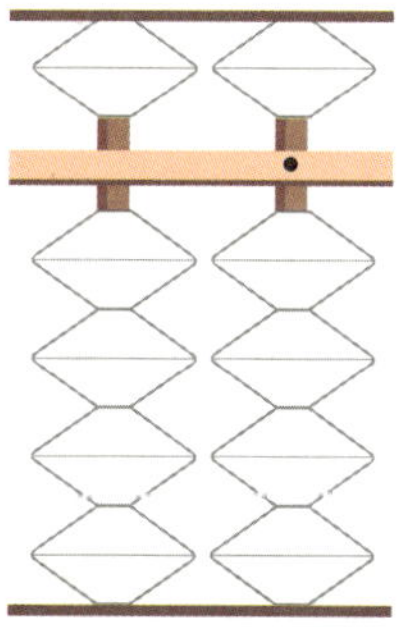

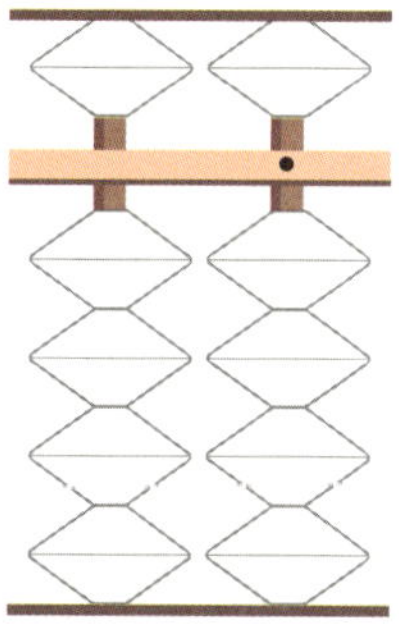

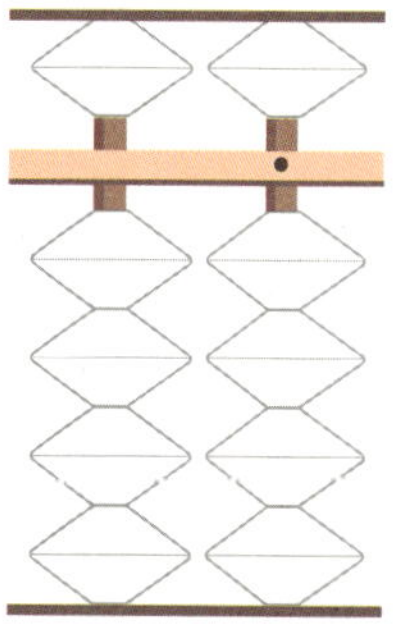

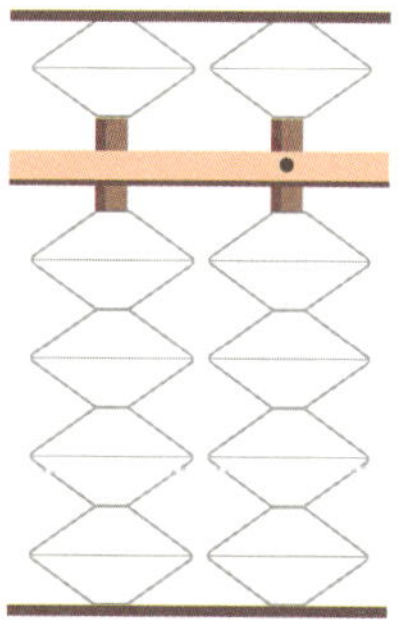

주판에 놓여진 수를 ☐ 안에 써 보세요.

(1) (2)  (3)  (4)  (5)

(6)  (7)  (8)  (9)  (10)

(11)  (12)  (13)  (14)  (15)

(16)  (17)  (18)  (19)  (20)

기초단계

(1) 8

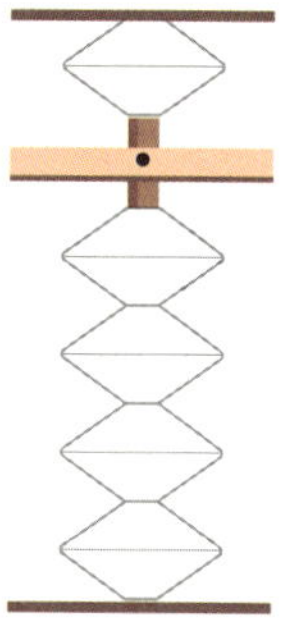

(2) 5

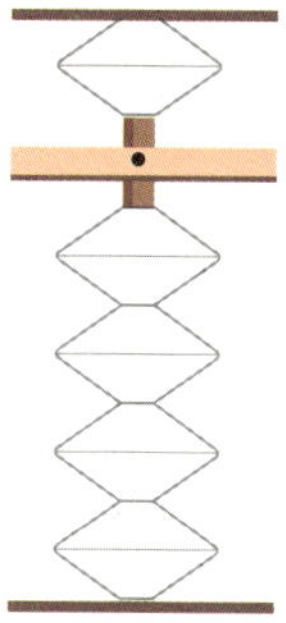

(3) 2

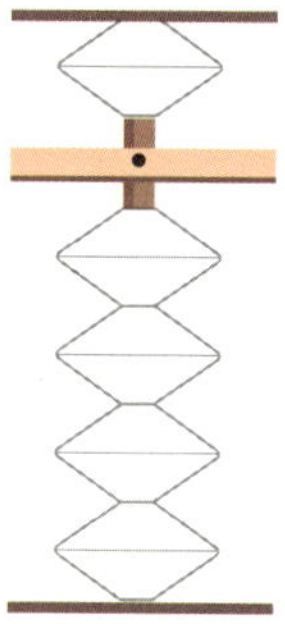

(4) 7

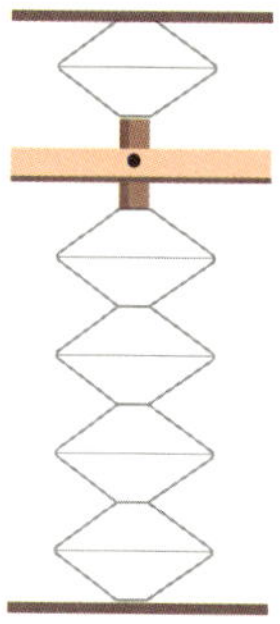

(5) 4

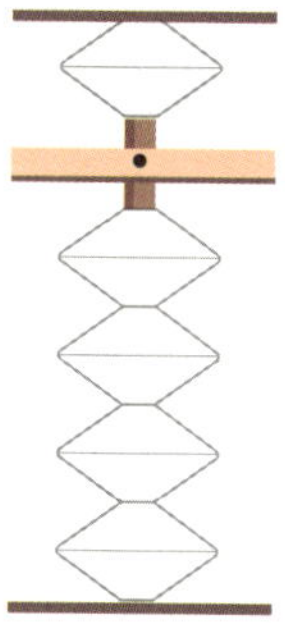

(6) 6

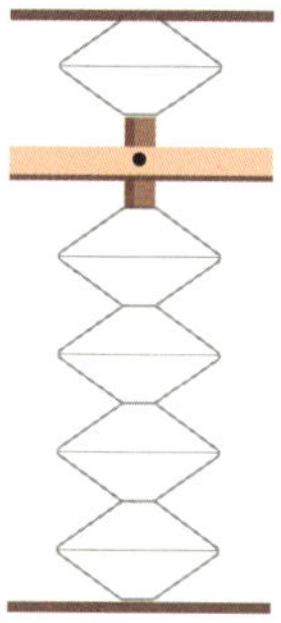

(7) 9

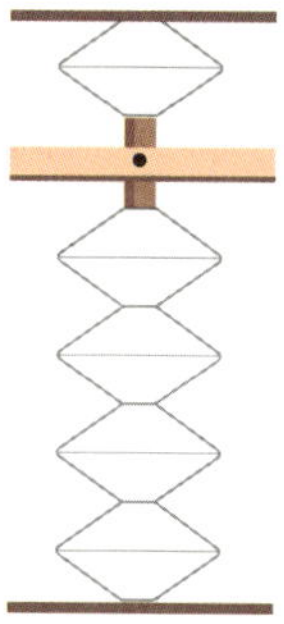

(8) 3

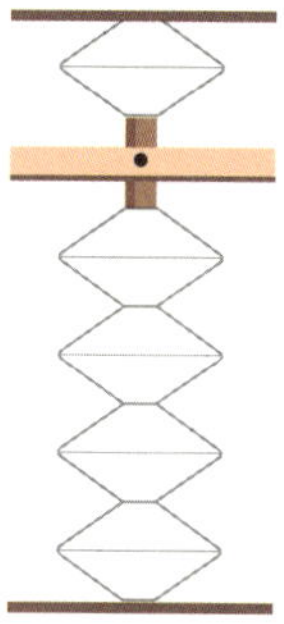

(9) 1

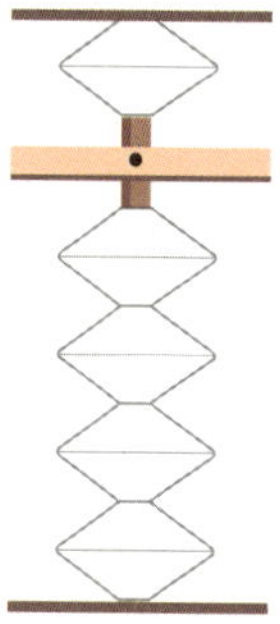

(10) 8

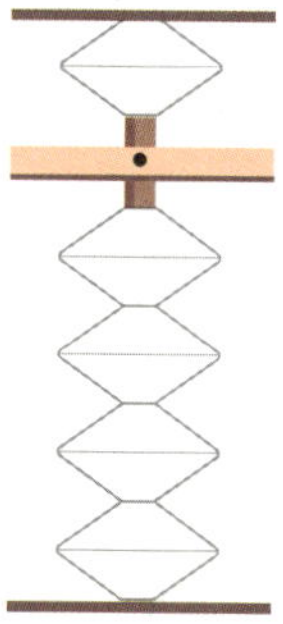

(11) 29

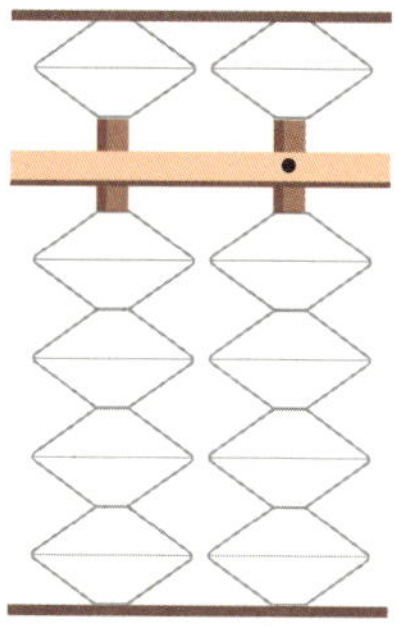

(12) 45

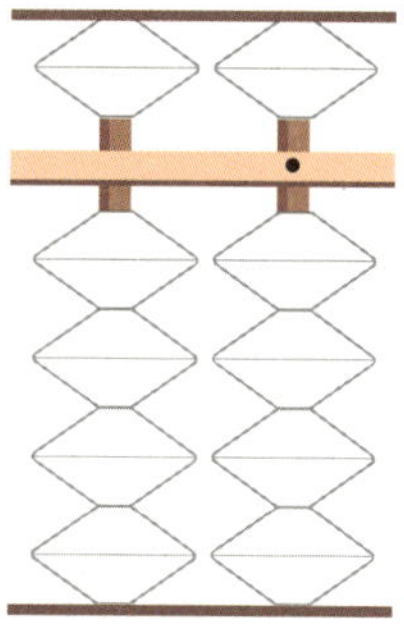

(13) 96

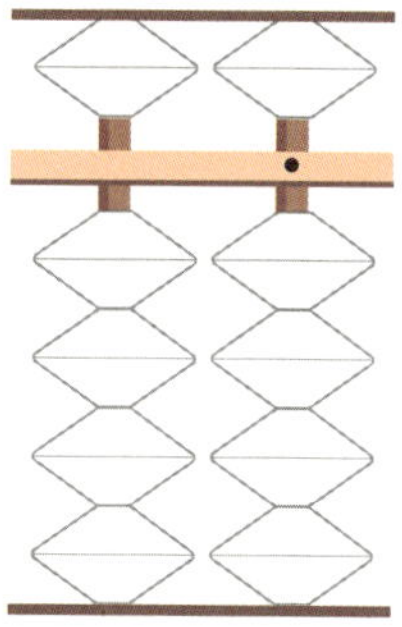

(14) 57

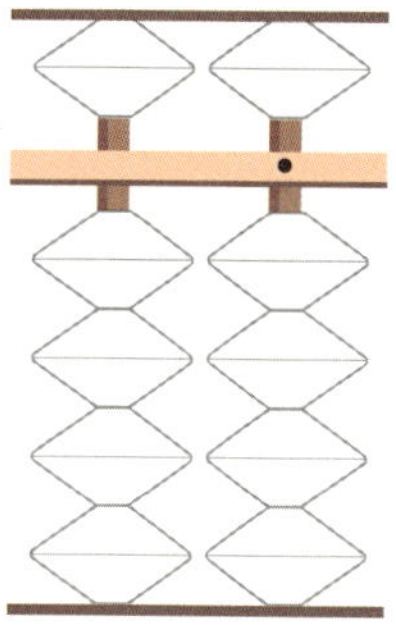

(15) 74

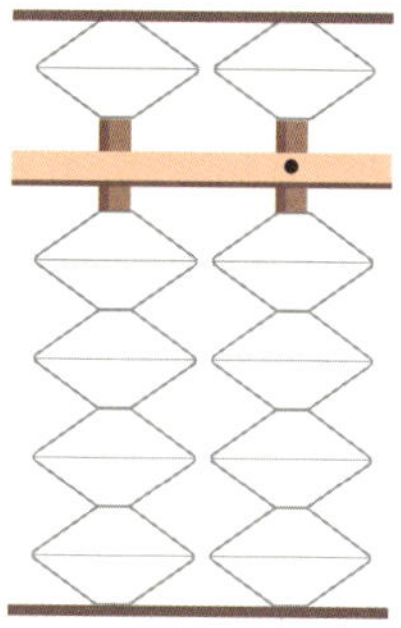

(16) 38

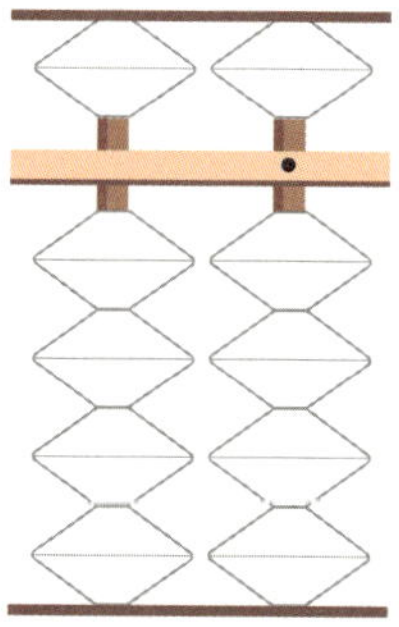

(17) 63

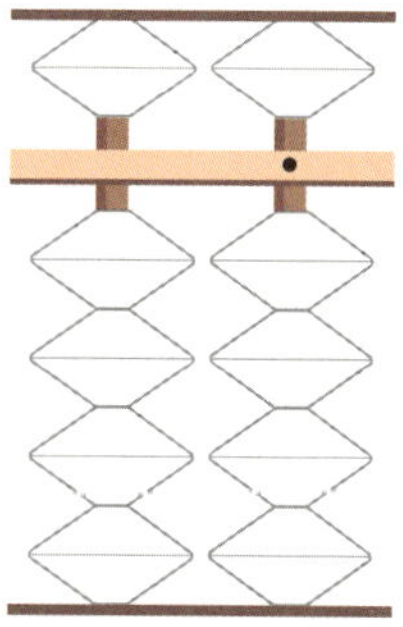

(18) 19

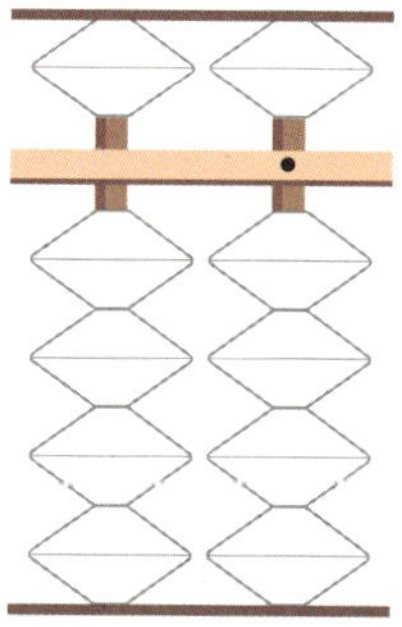

(19) 88

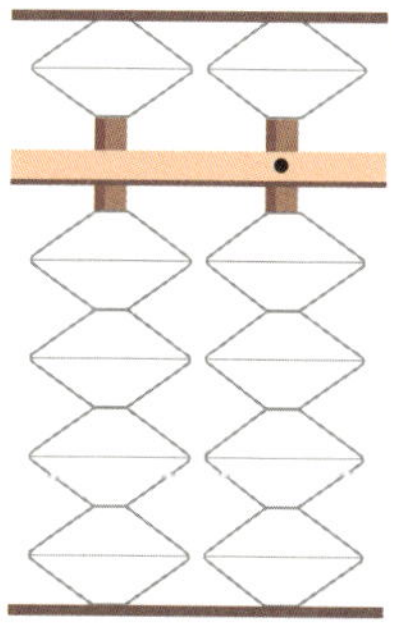

(20) 23

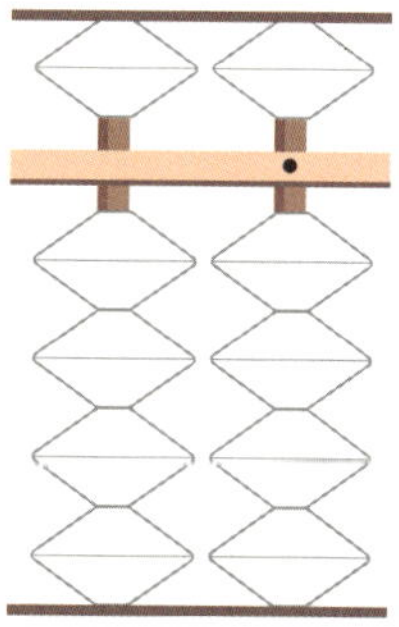

아래알 윗알 올리고 내리기

1	2	3	4	5	6	7	8	9	10
1	2	2	2	3	2	4	3	3	4
2	1	2	−1	−1	−2	−1	1	−2	−2

11	12	13	14	15	16	17	18	19	20
4	2	3	2	4	2	4	3	3	4
−3	2	−2	1	−1	2	0	−1	−3	−1

21	22	23	24	25	26	27	28	29	30
3	4	2	4	3	2	4	3	3	4
1	−2	2	−1	0	−2	−2	0	−2	−3

31	32	33	34	35	36	37	38	39	40
1	3	2	2	3	2	4	3	3	4
2	1	0	−1	−3	−1	−3	1	0	−1

⭐ 윗알은 반드시 검지로 내리고 검지로 올립니다.
주판으로 해 보세요.

1	2	3	4	5	6	7	8	9	10
5	1	5	2	3	2	4	3	5	5
0	5	2	5	5	5	5	5	1	4

11	12	13	14	15	16	17	18	19	20
5	1	3	5	0	5	4	2	3	5
1	5	5	3	5	0	5	5	5	2

21	22	23	24	25	26	27	28	29	30
1	2	5	5	0	5	3	4	5	5
5	5	2	0	5	3	5	5	4	−5

31	32	33	34	35	36	37	38	39	40
5	3	4	5	1	0	5	5	2	5
3	5	5	1	5	5	4	1	5	3

⭐ 주판으로 해 보세요.

1	2	3	4	5	6	7	8	9	10
2	3	4	4	2	3	3	2	2	4
2	1	−2	−2	1	−1	−2	1	2	−4
−1	−2	1	2	−1	2	3	−3	−2	2

11	12	13	14	15	16	17	18	19	20
3	4	3	1	1	3	4	2	2	3
−1	−2	−2	2	3	−1	−1	1	−2	−3
2	−1	1	−2	−1	1	1	−2	4	2

21	22	23	24	25	26	27	28	29	30
3	2	3	4	1	4	2	3	1	4
1	−1	−1	−3	1	−2	−2	−3	2	−2
−4	2	1	2	−1	1	3	4	−1	2

기초단계

⭐ 주판으로 해 보세요.

1	2	3	4	5	6	7	8	9	10
5	3	4	2	1	2	1	5	2	4
2	5	−3	5	5	−1	5	4	1	−4
−1	−2	5	2	−1	5	3	−2	5	5

11	12	13	14	15	16	17	18	19	20
2	5	3	4	4	4	5	2	5	4
−2	1	5	−2	5	−1	3	5	3	5
5	1	−1	2	−1	5	−2	−2	−1	−3

21	22	23	24	25	26	27	28	29	30
2	5	4	4	2	5	3	3	5	4
5	1	−2	5	5	1	−1	5	2	5
−1	−1	5	−2	1	2	5	−3	−2	−4

1	2	3	4	5	6	7	8	9	10
4	2	2	1	2	4	3	2	4	2
-2	1	1	3	2	-3	-2	1	-1	2
1	-2	-3	-1	-1	2	3	-3	-3	-1
1	2	2	1	-2	1	-3	4	2	1

11	12	13	14	15	16	17	18	19	20
3	4	3	1	4	2	4	3	1	4
1	-4	-2	3	-2	-2	0	-1	2	0
-2	3	3	-4	1	0	-1	2	1	-3
-1	1	-4	3	-2	3	1	-3	-3	1

21	22	23	24	25	26	27	28	29	30
2	2	3	3	2	4	1	2	2	1
-2	-2	-1	-2	2	-2	3	1	2	2
1	4	2	2	-3	2	-1	-3	-4	-1
3	-3	-1	-3	3	-3	-2	1	3	2

기초단계

⭐ 주판으로 해 보세요.

1	2	3	4	5	6	7	8	9	10
5	2	4	5	2	5	3	5	3	4
3	5	5	1	5	2	5	4	5	−2
1	−5	−3	−5	2	0	1	−2	−5	5
−5	0	2	2	−3	−5	−4	1	1	2

11	12	13	14	15	16	17	18	19	20
1	4	3	5	2	1	3	5	5	3
3	−3	1	−5	5	5	1	1	0	5
−3	2	0	0	−1	−5	−4	1	−5	0
5	5	5	3	−5	2	5	−2	4	1

21	22	23	24	25	26	27	28	29	30
5	2	2	5	2	4	3	2	4	2
−5	5	5	3	5	−3	−2	5	−1	2
1	−2	2	−1	−1	5	5	−2	5	−1
1	2	−2	1	−1	−1	−5	4	−2	5

⭐ 6,7,8,9를 주판에 놓을 때는 엄지와 검지를 동시에 동작합니다.
주판으로 해 보세요.

1	2	3	4	5	6	7	8	9	10
6	2	6	0	3	6	1	6	6	6
1	6	-1	6	6	2	6	3	-6	-5

11	12	13	14	15	16	17	18	19	20
7	2	7	7	7	1	7	7	7	7
1	7	-7	-2	-6	7	2	0	-5	-1

21	22	23	24	25	26	27	28	29	30
8	8	8	8	8	1	8	8	8	0
1	-7	-1	-5	-3	8	-6	0	-8	8

31	32	33	34	35	36	37	38	39	40
9	9	9	9	9	9	0	9	9	9
0	-1	-6	-7	-5	-2	9	-9	-4	-8

 주판으로 해 보세요.

1	2	3	4	5	6	7	8	9	10
5	9	3	4	8	2	9	6	3	7
4	−2	6	5	1	7	−6	3	5	1
−7	1	−2	−7	−7	−4	1	−8	−7	−6

11	12	13	14	15	16	17	18	19	20
6	2	1	8	6	8	4	9	1	9
2	6	7	1	1	−6	5	−8	8	−9
−3	−5	1	−7	−7	7	−8	7	−9	0
2	1	−8	6	8	−4	7	−6	6	7

21	22	23	24	25	26	27	28	29	30
3	1	5	9	3	6	8	9	2	9
6	6	3	−7	1	3	−6	−6	6	−8
−2	−7	−7	6	5	−7	5	5	−7	6
1	3	6	−8	−6	6	−7	−8	8	2

1	$2 + 7 - 5 =$
2	$5 + 4 - 2 =$
3	$3 + 5 - 2 =$
4	$5 + 4 - 3 =$
5	$5 + 2 - 5 =$
6	$4 + 5 - 5 =$
7	$1 + 5 - 1 =$
8	$5 + 3 - 7 =$
9	$2 + 7 - 3 =$
10	$7 + 1 - 3 =$
11	$5 + 4 - 6 =$
12	$7 + 2 - 6 =$
13	$6 + 1 - 2 =$
14	$3 + 6 - 4 =$
15	$4 + 5 - 7 =$
16	$3 + 5 - 3 =$
17	$4 + 5 - 2 =$
18	$6 + 2 - 3 =$
19	$7 + 2 - 8 =$
20	$4 + 5 - 1 =$
21	$2 - 1 + 3 =$
22	$8 - 3 + 4 =$
23	$8 - 3 + 1 =$
24	$6 - 1 + 4 =$
25	$4 - 3 + 2 =$
26	$2 - 1 + 7 =$
27	$7 - 5 + 6 =$
28	$4 - 1 + 5 =$
29	$8 - 1 + 1 =$
30	$9 - 4 + 2 =$

 주판으로 해 보세요.

1	$2 + 6 - 5 =$
2	$5 + 3 - 2 =$
3	$4 + 5 - 2 =$
4	$5 + 2 - 2 =$
5	$5 + 3 - 5 =$
6	$4 + 5 - 8 =$
7	$3 + 5 - 1 =$
8	$5 + 2 - 7 =$
9	$2 + 6 - 3 =$
10	$7 + 2 - 3 =$
11	$5 + 3 - 6 =$
12	$7 + 1 - 6 =$
13	$6 + 2 - 2 =$
14	$3 + 5 - 8 =$
15	$2 + 5 - 6 =$
16	$3 + 5 - 6 =$
17	$4 + 5 - 7 =$
18	$6 + 2 - 5 =$
19	$7 + 2 - 7 =$
20	$4 + 5 - 6 =$
21	$2 - 1 + 7 =$
22	$8 - 3 + 3 =$
23	$8 - 5 + 1 =$
24	$6 - 5 + 3 =$
25	$4 - 2 + 2 =$
26	$2 - 1 + 8 =$
27	$7 - 2 + 3 =$
28	$4 - 2 + 5 =$
29	$8 - 6 + 1 =$
30	$9 - 7 + 2 =$

1	3 + 6 − 5 =
2	4 + 5 − 2 =
3	2 + 7 − 6 =
4	1 + 8 − 3 =
5	5 + 3 − 2 =
6	6 + 2 − 3 =
7	3 + 6 − 2 =
8	6 + 1 − 5 =
9	2 + 5 − 6 =
10	5 + 3 − 6 =
11	3 + 6 − 1 =
12	7 + 2 − 3 =
13	3 + 6 − 4 =
14	6 − 5 + 6 =
15	2 + 6 − 5 =

16	6 − 1 + 3 =
17	3 − 2 + 6 =
18	8 − 3 + 2 =
19	4 + 5 − 6 =
20	7 − 1 + 3 =
21	7 − 2 + 1 =
22	6 + 2 − 7 =
23	8 + 1 − 6 =
24	4 + 5 − 3 =
25	2 − 1 + 5 =
26	7 − 5 + 2 =
27	4 − 2 + 7 =
28	8 − 2 + 3 =
29	6 + 2 − 1 =
30	7 + 2 − 4 =

 **주판으로 해 보세요.**

1	$3 + 6 - 4 =$
2	$1 + 7 - 3 =$
3	$3 + 6 - 5 =$
4	$2 + 7 - 3 =$
5	$5 + 4 - 7 =$
6	$1 + 8 - 7 =$
7	$4 + 5 - 7 =$
8	$3 + 6 - 8 =$
9	$7 + 2 - 6 =$
10	$4 + 5 - 1 =$
11	$6 + 1 - 2 =$
12	$5 + 3 - 1 =$
13	$3 + 5 - 7 =$
14	$7 + 2 - 5 =$
15	$8 + 1 - 5 =$
16	$2 + 7 - 8 =$
17	$7 + 1 - 5 =$
18	$4 + 5 - 7 =$
19	$4 + 5 - 4 =$
20	$5 + 4 - 8 =$
21	$6 - 5 + 5 =$
22	$4 - 3 + 5 =$
23	$9 - 6 + 5 =$
24	$3 - 1 + 6 =$
25	$7 - 5 + 6 =$
26	$9 - 7 + 6 =$
27	$6 - 1 + 2 =$
28	$8 - 2 + 2 =$
29	$9 - 4 + 2 =$
30	$7 - 6 + 2 =$

1	2	3	4	5	6	7	8	9	10
33	60	70	42	50	61	77	88	55	22
1	7	6	6	3	−1	−7	−7	−50	6
50	−6	−21	−10	−51	17	20	10	3	20
−4	15	4	11	6	−6	8	6	1	−7

11	12	13	14	15	16	17	18	19	20
85	97	66	76	47	39	78	97	49	82
2	−5	3	−1	1	−6	1	−50	−7	6
−7	6	−9	−20	−38	16	−29	2	51	−33
13	−22	20	3	7	−5	6	−6	6	4

21	$8 - 6 + 20 + 6 =$
22	$18 - 7 + 8 + 20 =$
23	$16 + 3 - 6 + 20 =$
24	$26 + 3 - 7 + 16 =$
25	$37 + 1 - 25 + 6 =$

26	$36 - 6 + 3 + 11 =$
27	$29 + 0 - 7 + 26 =$
28	$17 - 6 + 25 - 5 =$
29	$45 + 1 - 5 + 52 =$
30	$84 + 5 - 63 + 2 =$

⭐ 주판으로 해 보세요.

1	2	3	4	5	6	7	8	9	10
22	33	30	26	20	31	31	10	49	56
7	6	8	2	9	8	5	9	−8	2
−8	−7	−6	−8	−8	−38	−35	−8	50	−57
26	11	15	18	16	7	8	26	6	8

11	12	13	14	15	16	17	18	19	20
64	72	27	81	76	49	9	51	71	43
15	6	2	7	3	−8	20	6	6	56
−9	−8	−6	−33	−18	51	−6	−50	−60	−8
3	25	15	4	7	6	75	2	2	7

21	$28 - 6 + 10 + 2 =$	26	$35 - 5 + 63 + 5 =$
22	$27 - 7 + 18 + 1 =$	27	$29 + 0 - 7 + 26 =$
23	$66 + 3 - 9 + 26 =$	28	$97 - 6 - 40 + 7 =$
24	$56 + 3 - 8 + 36 =$	29	$82 + 6 - 5 + 11 =$
25	$67 + 2 - 55 + 5 =$	30	$93 + 5 - 63 + 4 =$

1	2	3	4	5	6	7	8	9	10
63	74	49	73	77	39	55	25	36	78
6	− 3	− 8	1	2	− 8	2	4	− 5	− 6
− 19	27	5	5	− 27	12	− 2	− 6	15	7
8	− 7	50	− 29	5	6	34	15	− 1	− 18

11	12	13	14	15	16	17	18	19	20
76	53	93	28	81	54	49	23	39	56
− 1	6	6	− 7	6	− 3	− 4	6	− 7	− 5
4	− 9	− 9	56	− 5	8	52	− 8	16	26
− 27	23	− 70	− 5	12	− 57	− 6	27	− 6	− 7

21 $36 - 6 + 52 + 6 =$	26 $46 - 6 + 53 + 6 =$
22 $27 - 5 + 55 + 2 =$	27 $69 - 7 + 15 + 2 =$
23 $76 + 3 - 6 + 15 =$	28 $67 - 6 + 25 - 5 =$
24 $86 + 3 - 57 + 6 =$	29 $95 + 3 - 55 + 6 =$
25 $67 + 2 - 54 + 3 =$	30 $73 + 5 - 52 + 3 =$

★ 주판으로 해 보세요.

1	2	3	4	5	6	7	8	9	10
43	66	42	27	18	74	49	24	28	68
1	−5	2	−5	−5	5	−4	−2	−7	−7
5	12	55	11	21	−27	53	21	23	3
−32	6	−7	−3	−2	5	−5	5	5	25

11	12	13	14	15	16	17	18	19	20
29	45	37	46	99	43	65	75	26	78
−4	4	2	−5	−37	6	4	24	3	−6
52	−28	−7	56	6	−28	−8	−6	−8	27
−5	5	17	−7	1	7	26	5	17	−8

21	$37 - 7 + 50 + 8 =$
22	$32 + 6 + 51 - 4 =$
23	$70 + 8 - 6 + 25 =$
24	$96 + 3 - 42 + 1 =$
25	$33 + 1 + 60 - 3 =$

26	$16 - 5 + 51 + 6 =$
27	$38 - 7 + 5 + 50 =$
28	$59 - 6 + 15 - 8 =$
29	$41 + 3 + 55 - 7 =$
30	$82 + 5 - 56 + 2 =$

암산연습문제

★ 주판에 놓인 수와 아래 수를 암산으로 해 보세요.

1	2	3	4	5
5 2	2 1	5 1	6 1	1 5

6	7	8	9	10
7 1	1 0	0 8	1 2	5 2

11	12	13	14	15
1 1	2 5	1 2	1 1	0 1

16	17	18	19	20
6 1	3 1	2 2	8 0	0 6

기초단계

⭐ 주판에 놓인 수와 아래 수를 암산으로 해 보세요.

1	2	3	4	5
5 3	2 1	5 1	2 6	1 6

6	7	8	9	10
1 7	0 5	3 5	1 2	6 2

11	12	13	14	15
1 2	1 5	0 2	0 1	0 2

16	17	18	19	20
5 1	1 3	0 2	5 0	0 5

1	2	3	4	5
1 2	5 2	1 5	0 3	2 5

6	7	8	9	10
5 1	0 3	7 1	2 1	6 2

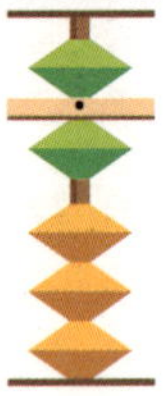

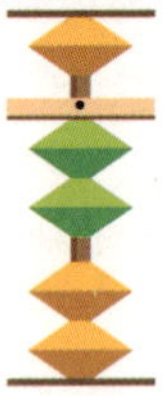

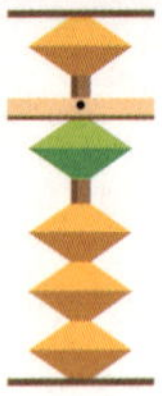

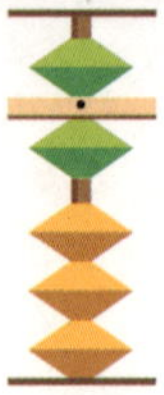

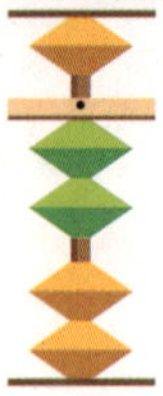

11	12	13	14	15
1 0	5 1	1 3	0 2	0 7

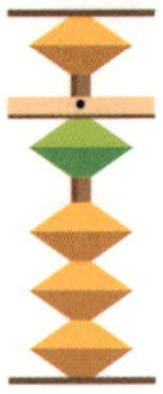

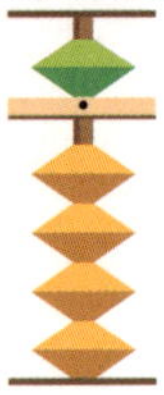

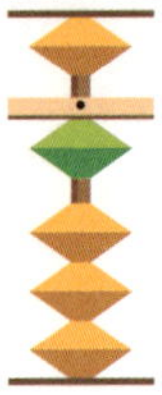

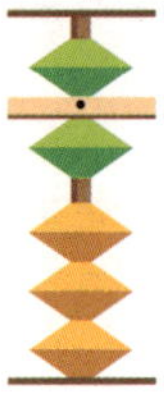

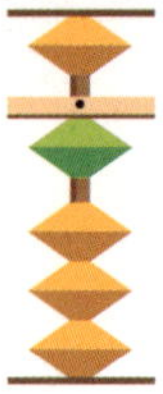

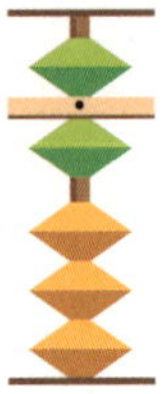

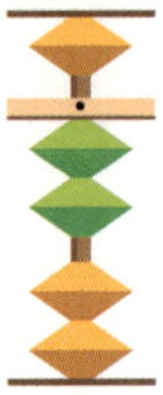

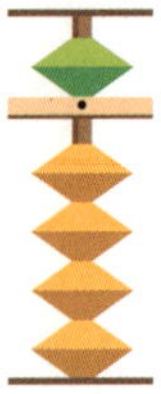

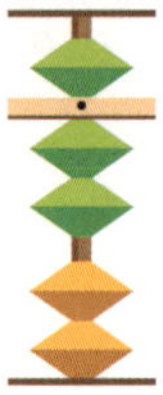

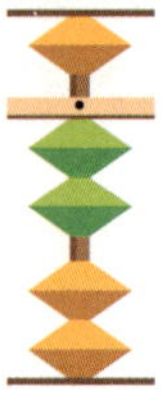

16	17	18	19	20
1 1	5 1	0 2	6 1	1 7

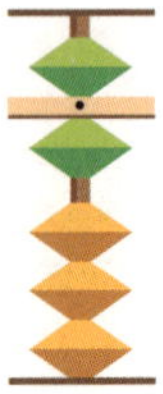

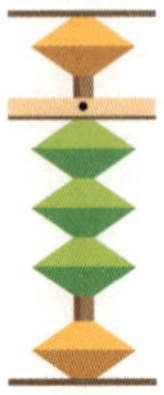

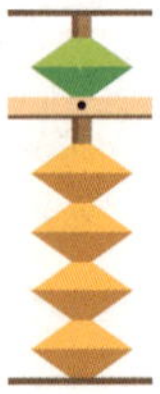

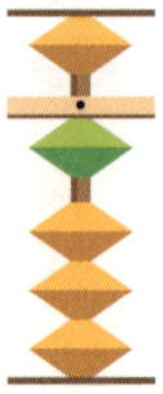

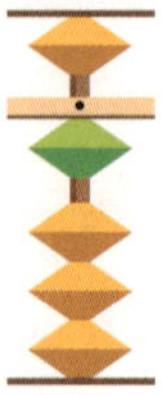

⭐ 주판에 놓인 수와 아래 수를 암산으로 해 보세요.

1	2	3	4	5
5 2	2 1	2 1	2 1	0 6

6	7	8	9	10
3 5	0 1	8 0	2 5	3 0

11	12	13	14	15
1 2	0 5	2 2	2 5	0 1

16	17	18	19	20
5 1	3 1	1 0	0 8	5 1

1	2	3	4	5
5 2	2 1	0 6	5 1	6 1

6	7	8	9	10
6 1	1 1	7 1	1 7	6 2

11	12	13	14	15
2 1	2 6	1 3	1 1	0 1

16	17	18	19	20
0 3	1 5	0 2	5 3	0 5

⭐ 주판에 놓인 수와 아래 수를 암산으로 해 보세요.

1	2	3	4	5
5 2	3 l	0 6	5 l	0 7

6	7	8	9	10
6 l	0 l	8 0	0 2	5 2

11	12	13	14	15
l l	0 5	l l	0 2	0 l

16	17	18	19	20
2 2	l 5	l 2	0 8	3 5

1	2	3	4	5
1 5	2 0	5 1	7 1	1 5

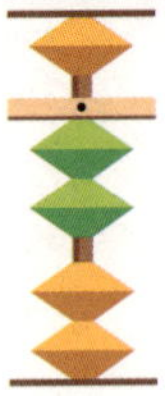

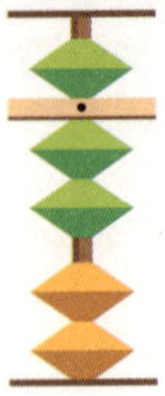

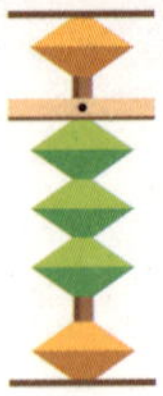

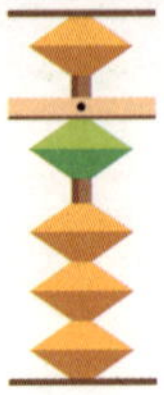

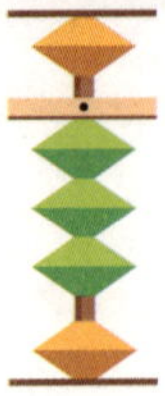

6	7	8	9	10
6 1	1 1	0 7	0 2	5 2

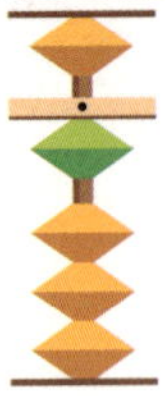

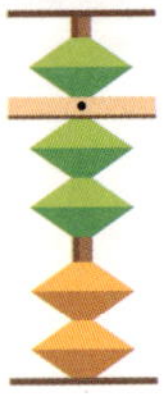

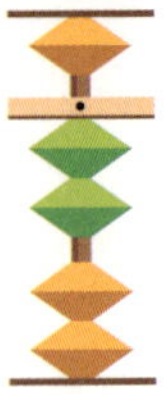

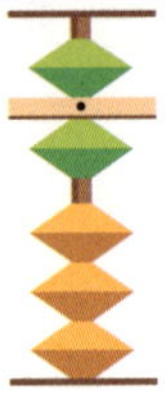

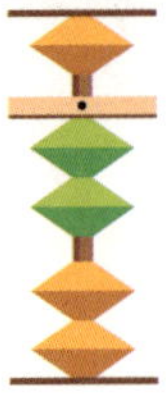

11	12	13	14	15
1 5	1 6	1 3	0 2	0 8

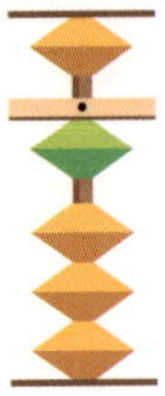

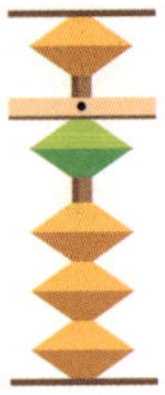

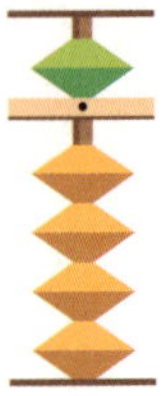

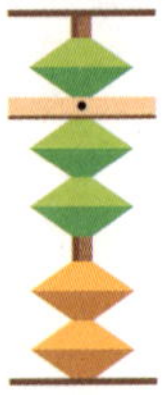

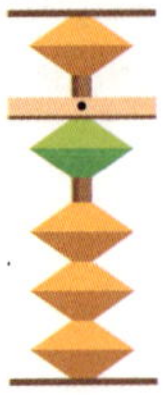

16	17	18	19	20
6 1	3 1	2 2	8 0	0 6

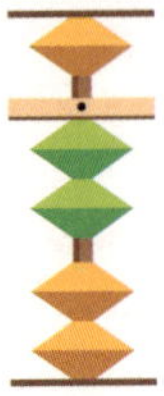

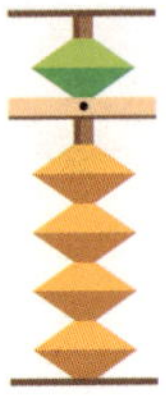

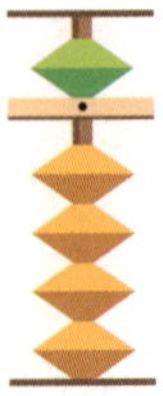

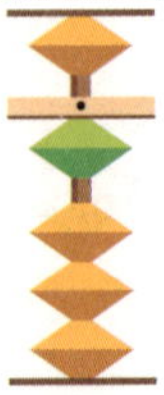

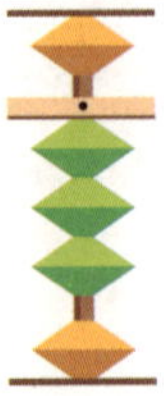

⭐ 주판에 놓인 수와 아래 수를 암산으로 해 보세요.

1	2	3	4	5
5 2	1 1	5 1	1 7	2 1

6	7	8	9	10
2 6	0 1	0 7	1 2	6 2

11	12	13	14	15
1 2	1 6	0 2	1 1	1 0

16	17	18	19	20
5 1	7 0	1 1	5 3	0 6

1	2	3	4	5
5 2	2 5	5 1	7 1	5 1

6	7	8	9	10
0 8	1 1	6 1	5 1	3 1

11	12	13	14	15
1 2	5 2	0 3	0 1	1 1

16	17	18	19	20
6 1	2 2	1 2	8 0	1 5

⭐ 주판에 놓인 수와 아래 수를 암산으로 해 보세요.

1	2	3	4	5
1 5	2 6	5 0	5 3	0 5

6	7	8	9	10
6 2	0 1	7 1	0 2	0 3

11	12	13	14	15
1 5	0 2	1 1	1 1	0 1

16	17	18	19	20
0 5	1 3	2 1	0 5	0 3

종합연습문제

⭐ 주판이나 암산으로 해 보세요.

1	2	3	4	5	6	7	8	9	10
6	2	1	7	6	8	4	9	1	9
1	5	6	1	2	−5	5	−2	6	−8
−5	−5	1	−7	−7	6	−7	1	−5	0

11	12	13	14	15	16	17	18	19	20
7	2	1	6	7	7	4	9	1	9
1	7	6	1	2	−5	5	−6	8	−5
−5	−5	2	−7	−7	6	−6	5	−7	0

21	22	23	24	25	26	27	28	29	30
6	2	3	7	6	8	4	9	1	9
2	7	6	1	3	−1	5	−7	7	−7
−3	−6	−1	−6	−7	2	−8	6	−5	2

평가

확인

공부한 날

월
일

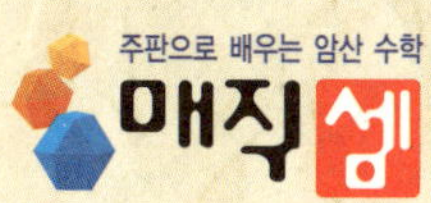

⭐ 주판이나 암산으로 해 보세요.

1	2	3	4	5	6	7	8	9	10
8	2	1	7	8	6	4	9	1	9
1	7	7	1	1	−6	5	−7	7	−5
−2	−6	1	−6	−7	7	−2	1	−8	−1

11	12	13	14	15	16	17	18	19	20
6	2	1	7	6	8	4	9	1	9
2	7	7	1	2	−5	5	−8	7	−3
−5	−5	−2	−5	−7	6	−9	7	−6	1

21	22	23	24	25	26	27	28	29	30
6	2	1	8	6	8	4	9	1	9
2	6	7	1	3	−7	5	−8	7	−6
−3	−7	−3	−8	−7	6	−6	5	−5	5

1	2	3	4	5	6	7	8	9	10
5	2	1	9	6	8	4	9	1	9
2	6	6	−6	1	−2	5	−6	7	−5
−1	−5	1	6	−7	3	−8	1	−2	5

11	12	13	14	15	16	17	18	19	20
6	2	1	8	6	8	5	9	1	9
2	7	7	−3	2	−5	4	−6	8	−7
−5	−8	1	2	−7	1	−8	5	−5	1

21	22	23	24	25	26	27	28	29	30
6	2	1	8	6	8	4	9	1	9
0	7	6	0	3	−7	5	−8	7	−8
−1	−5	2	−7	−7	7	−6	7	−6	1

기초단계

⭐ 주판이나 암산으로 해 보세요.

1	2	3	4	5	6	7	8	9	10
9	2	1	2	6	8	4	9	1	9
0	5	8	7	3	−3	5	−7	8	0
−3	−5	−1	−6	−8	4	−7	6	−6	−4

11	12	13	14	15	16	17	18	19	20
6	1	1	8	9	8	4	9	8	9
1	6	7	1	0	−6	−2	−8	0	−7
−5	−5	−3	−6	−7	7	7	6	−6	0

21	22	23	24	25	26	27	28	29	30
6	2	1	7	6	8	7	9	1	9
2	7	8	1	3	−5	0	−6	7	−3
−3	−4	−3	−5	−5	1	−6	5	−5	2

1	2	3	4	5	6	7	8	9	10
6	2	2	8	6	8	4	9	1	9
2	6	6	1	1	−6	5	−8	8	−9
−3	−5	1	−7	−7	7	−8	7	−9	0

11	12	13	14	15	16	17	18	19	20
3	1	5	9	3	6	8	9	2	9
6	6	3	−8	1	3	−7	−5	5	−7
−3	−5	−7	6	5	−7	5	5	−7	6
1	2	6	−6	−7	5	−6	−8	8	1

21	22	23	24	25	26	27	28	29	30
1	3	4	3	2	2	9	4	1	5
2	5	5	6	7	7	0	5	7	3
5	−6	−8	−8	−7	−6	−8	−7	−6	−6
−3	7	6	2	−1	5	3	6	5	5

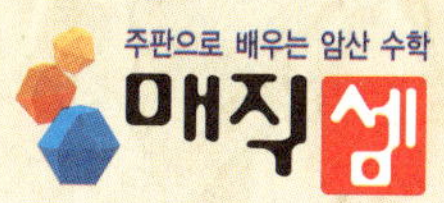

⭐ 주판이나 암산으로 해 보세요.

1	2	3	4	5	6	7	8	9	10
8	6	1	8	6	8	4	9	1	9
−3	−5	7	1	1	−5	5	−8	8	−7
2	1	−8	−8	−5	6	−7	6	−7	1

11	12	13	14	15	16	17	18	19	20
3	1	5	9	3	6	8	9	2	9
5	7	3	−6	1	3	−7	−7	6	−7
−2	−7	−6	5	5	−8	5	5	−7	5
1	1	5	−7	−8	5	−5	−6	6	2

21	22	23	24	25	26	27	28	29	30
1	2	5	3	2	1	9	4	1	5
3	5	3	6	6	7	0	5	8	3
5	−6	−8	−7	−8	−6	−8	−6	−6	−6
−3	7	3	1	2	7	6	5	5	7

1	2	3	4	5	6	7	8	9	10
6	2	1	7	6	8	4	9	1	9
2	5	6	1	2	−5	5	−6	8	−8
−5	−5	2	−7	−7	6	−7	5	−7	0

11	12	13	14	15	16	17	18	19	20
6	1	5	9	3	5	8	9	2	9
2	6	3	−8	1	3	−7	−7	7	−8
−2	−5	−6	5	5	−7	5	5	−6	7
1	7	7	−1	−7	6	−1	−2	5	1

21	22	23	24	25	26	27	28	29	30
2	3	4	3	2	1	9	4	1	5
1	6	5	5	7	8	0	5	7	4
6	−6	−8	−8	−8	−9	−7	−6	−6	−6
−4	5	7	6	6	4	6	5	7	5

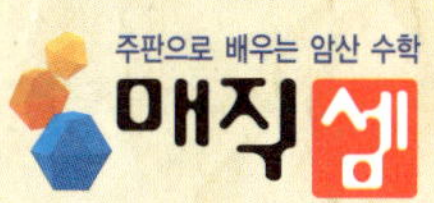

⭐ 주판이나 암산으로 해 보세요.

1	2	3	4	5	6	7	8	9	10
6	2	1	8	6	8	4	9	1	9
3	6	7	1	1	−6	5	−8	8	−6
−3	−5	1	−7	−5	7	−6	6	−5	1

11	12	13	14	15	16	17	18	19	20
5	1	5	9	3	6	8	9	2	9
3	8	2	−8	1	2	−7	−7	6	−7
−2	−7	−6	6	5	−7	5	5	−7	6
2	5	5	−2	−7	8	−1	−6	6	1

21	22	23	24	25	26	27	28	29	30
5	4	4	3	2	1	9	4	1	5
2	5	5	6	6	7	0	5	7	2
2	−6	−7	−8	−8	−6	−6	−7	−6	−6
−3	5	6	3	7	5	5	2	2	7

1	2	3	4	5	6	7	8	9	10
3	9	6	1	9	2	3	9	6	7
6	−8	3	8	−7	6	5	−8	2	2
−7	2	−7	−5	6	−5	−7	7	−5	−6

11	12	13	14	15	16	17	18	19	20
6	1	1	2	6	8	5	6	5	7
−5	2	8	6	3	−7	2	−5	2	−6
6	6	−7	−7	−8	2	1	1	1	2
2	−7	6	5	7	5	−5	5	−7	6

21	22	23	24	25	26	27	28	29	30
8	3	5	9	1	6	6	5	1	1
−6	6	4	−8	8	3	−5	1	2	3
2	−7	−8	5	−7	−7	6	2	6	5
5	5	5	3	2	6	1	−6	−8	−8

⭐ 주판이나 암산으로 해 보세요.

1	2	3	4	5	6	7	8	9	10
5	6	8	7	6	7	9	7	7	6
2	2	1	2	−5	1	−6	2	1	3
−6	−7	−7	−9	3	−6	5	−7	−5	−7

11	12	13	14	15	16	17	18	19	20
7	1	1	6	2	1	4	6	1	2
−6	2	5	3	5	6	5	3	2	7
2	5	2	−7	−6	−5	−8	−8	5	−8
5	−6	−3	5	7	7	6	5	−5	6

21	22	23	24	25	26	27	28	29	30
6	8	2	3	5	2	3	5	6	8
2	−7	5	5	3	1	6	1	1	−5
−7	1	1	−6	−6	5	−7	2	1	1
8	5	−7	1	7	−6	5	−3	−5	5

⭐ 주판이나 암산으로 해 보세요.

1	2	3	4	5	6	7	8	9	10
8	6	3	8	9	3	9	8	7	4
0	1	6	1	−6	6	−7	−5	1	5
−3	2	−5	−4	5	−7	5	1	−5	−8

11	12	13	14	15	16	17	18	19	20
2	3	8	3	9	5	2	2	8	1
5	6	1	5	−8	4	6	7	−7	2
2	−8	−7	−6	5	−7	1	−6	1	5
−7	6	5	7	3	5	−7	5	6	−3

21	22	23	24	25	26	27	28	29	30
2	2	8	2	5	1	8	4	9	5
6	2	−7	5	4	2	−7	5	−7	4
−5	5	3	2	−6	5	6	−8	1	−3
1	−4	5	−6	5	−7	2	6	5	2

⭐ 주판이나 암산으로 해 보세요.

1	2	3	4	5	6	7	8	9	10
3	9	3	4	9	8	7	5	4	5
6	−7	5	5	−8	−5	−1	2	5	3
−4	5	−6	−6	6	6	3	−6	−9	−7

11	12	13	14	15	16	17	18	19	20
6	2	2	6	2	4	8	8	6	5
2	5	5	1	5	5	−7	−7	1	3
−7	2	−6	2	−6	−5	6	2	−5	−6
1	−8	8	−8	7	−2	1	5	7	7

21	22	23	24	25	26	27	28	29	30
5	4	6	1	7	4	4	6	2	1
2	5	1	1	1	5	5	2	6	1
−5	−8	2	7	−6	−8	−7	1	−7	5
7	7	−7	−6	5	3	6	−5	8	−6

1	2	3	4	5	6	7	8	9	10
7	9	8	9	6	5	9	2	9	6
1	−6	1	−7	3	4	−4	6	−5	−5
−6	5	−6	1	−5	−7	3	−7	−3	2

11	12	13	14	15	16	17	18	19	20
9	7	2	5	2	2	1	3	1	9
−7	−5	6	4	6	7	8	5	6	−8
5	6	−7	−8	−7	−6	−9	−7	−5	5
1	1	3	3	6	5	6	8	7	2

21	22	23	24	25	26	27	28	29	30
8	9	2	3	6	7	9	1	3	8
−5	−7	6	6	1	−6	−8	6	6	−7
1	1	−7	−8	−5	5	1	−5	−7	2
−2	1	8	2	5	2	2	2	2	6

⭐ 주판이나 암산으로 해 보세요.

1	2	3	4	5	6	7	8	9	10
7	6	2	7	6	6	8	5	1	7
1	−5	7	2	−5	−1	−6	2	7	2
−5	7	−6	−8	3	3	5	−6	−5	−9

11	12	13	14	15	16	17	18	19	20
6	8	5	3	8	1	3	2	1	2
2	−7	3	5	1	3	5	1	2	2
1	2	−6	−7	−8	5	−7	6	5	5
−7	1	7	6	6	−6	2	−5	−6	−7

21	22	23	24	25	26	27	28	29	30
7	4	1	2	1	6	8	6	6	4
2	5	8	5	2	1	−7	2	−5	5
−8	−7	−6	2	6	1	1	1	2	−6
5	1	1	−6	−5	−7	6	−8	5	5

 주판이나 암산으로 해 보세요.

#		#	
1	$2 + 7 - 5 =$	16	$3 + 5 - 6 =$
2	$7 + 2 - 5 =$	17	$2 + 7 - 3 =$
3	$5 + 3 - 6 =$	18	$5 + 3 - 6 =$
4	$5 + 3 - 7 =$	19	$7 + 1 - 7 =$
5	$5 + 1 - 5 =$	20	$2 + 5 - 2 =$
6	$4 + 5 - 7 =$	21	$3 - 2 + 8 =$
7	$3 + 5 - 1 =$	22	$9 - 7 + 6 =$
8	$5 + 4 - 6 =$	23	$9 - 6 + 1 =$
9	$2 + 6 - 5 =$	24	$7 - 5 + 7 =$
10	$6 + 3 - 6 =$	25	$3 - 2 + 6 =$
11	$5 + 2 - 1 =$	26	$4 - 2 + 6 =$
12	$7 + 2 - 6 =$	27	$7 - 6 + 3 =$
13	$2 + 6 - 6 =$	28	$4 - 3 + 5 =$
14	$3 + 6 - 4 =$	29	$9 - 6 + 6 =$
15	$1 + 7 - 7 =$	30	$8 - 5 + 6 =$

 주판이나 암산으로 해 보세요.

#	식	#	식
1	1 + 6 − 5 =	16	3 + 5 − 7 =
2	5 + 3 − 2 =	17	2 + 6 − 7 =
3	2 + 5 − 6 =	18	7 + 1 − 6 =
4	5 + 4 − 7 =	19	7 + 2 − 8 =
5	5 + 4 − 3 =	20	2 + 5 − 5 =
6	3 + 5 − 8 =	21	3 − 1 + 6 =
7	3 + 5 − 2 =	22	9 − 3 + 2 =
8	5 + 4 − 8 =	23	9 − 2 + 1 =
9	2 + 7 − 6 =	24	7 − 2 + 4 =
10	6 + 3 − 8 =	25	3 − 1 + 5 =
11	5 + 2 − 6 =	26	4 − 2 + 7 =
12	8 + 1 − 6 =	27	7 − 5 + 2 =
13	6 + 2 − 8 =	28	4 − 3 + 6 =
14	3 + 6 − 5 =	29	9 − 6 + 5 =
15	1 + 7 − 6 =	30	8 − 5 + 1 =

1	$3 + 6 - 5 =$
2	$5 + 4 - 2 =$
3	$4 + 5 - 6 =$
4	$8 + 1 - 4 =$
5	$5 + 3 - 6 =$
6	$4 + 5 - 5 =$
7	$3 + 6 - 4 =$
8	$5 + 3 - 7 =$
9	$2 + 7 - 3 =$
10	$6 + 2 - 3 =$
11	$5 + 4 - 6 =$
12	$7 + 2 - 3 =$
13	$6 + 3 - 5 =$
14	$3 + 5 - 6 =$
15	$1 + 5 - 6 =$

16	$4 + 5 - 7 =$
17	$2 + 5 - 7 =$
18	$7 + 2 - 5 =$
19	$7 + 1 - 6 =$
20	$4 + 5 - 8 =$
21	$2 - 1 + 6 =$
22	$8 - 3 + 2 =$
23	$8 - 5 + 1 =$
24	$6 - 1 + 4 =$
25	$4 - 1 + 6 =$
26	$2 - 1 + 8 =$
27	$7 - 5 + 2 =$
28	$4 - 3 + 5 =$
29	$8 - 7 + 1 =$
30	$9 - 7 + 6 =$

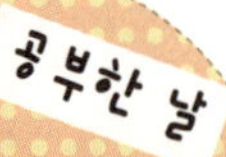

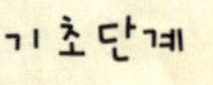

⭐ 주판이나 암산으로 해 보세요.

1	$2 + 6 - 3 =$
2	$5 + 2 - 1 =$
3	$8 + 1 - 7 =$
4	$5 + 4 - 8 =$
5	$5 + 3 - 5 =$
6	$3 + 6 - 8 =$
7	$3 + 6 - 2 =$
8	$5 + 4 - 7 =$
9	$2 + 7 - 8 =$
10	$6 + 3 - 7 =$
11	$5 + 3 - 6 =$
12	$7 + 2 - 7 =$
13	$6 + 3 - 8 =$
14	$2 + 6 - 5 =$
15	$1 + 6 - 5 =$

16	$3 + 6 - 7 =$
17	$2 + 5 - 6 =$
18	$7 + 2 - 6 =$
19	$6 + 2 - 6 =$
20	$2 + 6 - 7 =$
21	$3 - 2 + 7 =$
22	$9 - 4 + 2 =$
23	$9 - 3 + 1 =$
24	$7 - 5 + 6 =$
25	$3 - 2 + 5 =$
26	$4 - 1 + 5 =$
27	$7 - 6 + 5 =$
28	$4 - 2 + 6 =$
29	$9 - 7 + 5 =$
30	$8 - 3 + 1 =$

#		#	
1	$2 + 6 - 5 + 1 =$	16	$3 + 5 - 6 + 2 =$
2	$5 + 3 - 2 + 3 =$	17	$4 + 5 - 7 + 1 =$
3	$4 + 5 - 2 + 1 =$	18	$6 + 2 - 5 + 1 =$
4	$5 + 2 - 2 + 3 =$	19	$7 + 2 - 7 + 6 =$
5	$5 + 3 - 5 + 6 =$	20	$4 + 5 - 6 + 5 =$
6	$4 + 5 - 3 - 5 =$	21	$2 - 1 + 7 + 1 =$
7	$3 + 5 - 1 - 1 =$	22	$8 - 3 + 3 + 1 =$
8	$5 + 2 - 7 + 5 =$	23	$9 - 3 + 1 + 2 =$
9	$2 + 6 - 3 + 2 =$	24	$6 - 5 + 3 + 5 =$
10	$7 + 2 - 3 + 2 =$	25	$4 - 2 + 2 - 3 =$
11	$5 + 3 - 7 + 8 =$	26	$2 - 1 + 8 - 7 =$
12	$7 + 1 - 6 + 5 =$	27	$7 - 2 + 3 + 1 =$
13	$6 + 2 - 2 + 1 =$	28	$4 - 2 + 5 + 2 =$
14	$3 + 5 - 2 + 2 =$	29	$8 - 6 + 1 + 5 =$
15	$2 + 5 - 6 + 3 =$	30	$9 - 7 + 2 + 5 =$

 주판이나 암산으로 해 보세요.

1	5 + 3 − 5 + 1 =	16	3 + 5 − 6 + 5 =
2	5 + 2 − 2 + 3 =	17	4 + 5 − 7 + 6 =
3	3 + 5 − 2 + 1 =	18	6 + 1 − 5 + 1 =
4	5 + 2 − 2 + 4 =	19	7 + 1 − 7 + 6 =
5	5 + 3 − 6 + 1 =	20	4 + 5 − 6 + 1 =
6	4 + 5 − 1 − 5 =	21	2 − 1 + 7 − 5 =
7	2 + 5 − 1 − 1 =	22	8 − 5 + 1 + 5 =
8	5 + 3 − 7 + 5 =	23	8 − 2 + 1 + 2 =
9	2 + 7 − 3 + 2 =	24	6 − 5 + 6 + 2 =
10	6 + 2 − 3 + 4 =	25	4 − 2 + 2 − 4 =
11	5 + 3 − 6 + 7 =	26	2 − 1 + 8 − 6 =
12	7 + 1 − 6 + 7 =	27	7 − 5 + 2 + 5 =
13	6 + 3 − 7 + 5 =	28	4 − 2 + 5 + 1 =
14	3 + 5 − 2 + 3 =	29	8 − 3 + 1 + 2 =
15	2 + 5 − 6 + 2 =	30	9 − 6 + 1 + 5 =

 주판이나 암산으로 해 보세요.

1	1 + 6 − 5 + 2 =
2	1 + 3 − 2 + 5 =
3	3 + 5 − 2 + 3 =
4	5 + 1 − 5 + 3 =
5	5 + 2 − 5 + 1 =
6	4 + 5 − 3 − 5 =
7	3 + 5 − 1 − 1 =
8	5 + 3 − 7 + 5 =
9	2 + 7 − 3 + 2 =
10	7 + 1 − 3 + 2 =
11	5 + 4 − 6 + 1 =
12	7 + 2 − 6 + 5 =
13	6 + 2 − 2 + 3 =
14	3 + 5 − 6 + 7 =
15	2 + 5 − 7 + 3 =
16	3 + 5 − 6 + 1 =
17	4 + 5 − 8 + 1 =
18	5 + 2 − 5 + 1 =
19	7 + 1 − 7 + 6 =
20	4 + 5 − 7 + 5 =
21	2 − 1 + 8 − 3 =
22	8 − 5 + 1 − 3 =
23	8 − 6 + 1 + 1 =
24	6 − 1 + 3 − 5 =
25	4 − 2 + 6 − 3 =
26	2 − 1 + 7 − 7 =
27	8 − 2 + 3 − 1 =
28	4 − 2 + 5 + 1 =
29	9 − 6 + 1 + 5 =
30	9 − 5 + 5 − 3 =

기초단계

⭐ 주판이나 암산으로 해 보세요.

1	$1 + 7 - 5 + 1 =$		16	$4 + 5 - 6 + 1 =$
2	$1 + 6 - 2 + 3 =$		17	$4 + 5 - 7 + 1 =$
3	$2 + 5 - 2 + 3 =$		18	$5 + 3 - 5 + 1 =$
4	$5 + 2 - 5 + 6 =$		19	$7 + 2 - 7 + 6 =$
5	$7 + 2 - 8 + 3 =$		20	$4 + 5 - 3 + 1 =$
6	$4 + 5 - 6 - 3 =$		21	$2 - 1 + 8 - 5 =$
7	$3 + 6 - 1 - 2 =$		22	$8 - 5 + 1 - 2 =$
8	$5 + 4 - 7 + 5 =$		23	$8 - 5 + 1 + 5 =$
9	$2 + 6 - 3 + 2 =$		24	$6 - 5 + 3 - 1 =$
10	$7 + 2 - 3 + 3 =$		25	$4 - 1 + 6 - 7 =$
11	$5 + 3 - 6 + 2 =$		26	$2 - 1 + 6 - 5 =$
12	$7 + 1 - 6 + 5 =$		27	$8 - 7 + 3 - 2 =$
13	$6 + 3 - 2 + 1 =$		28	$4 - 3 + 5 + 2 =$
14	$3 + 5 - 7 + 1 =$		29	$9 - 7 + 1 + 6 =$
15	$2 + 6 - 7 + 3 =$		30	$9 - 4 + 3 - 2 =$

구구단을 외우자

2 × 1 = 02	3 × 1 = 03	4 × 1 = 04
2 × 2 = 04	3 × 2 = 06	4 × 2 = 08
2 × 3 = 06	3 × 3 = 09	4 × 3 = 12
2 × 4 = 08	3 × 4 = 12	4 × 4 = 16
2 × 5 = 10	3 × 5 = 15	4 × 5 = 20
2 × 6 = 12	3 × 6 = 18	4 × 6 = 24
2 × 7 = 14	3 × 7 = 21	4 × 7 = 28
2 × 8 = 16	3 × 8 = 24	4 × 8 = 32
2 × 9 = 18	3 × 9 = 27	4 × 9 = 36

5 × 1 = 05	6 × 1 = 06	7 × 1 = 07
5 × 2 = 10	6 × 2 = 12	7 × 2 = 14
5 × 3 = 15	6 × 3 = 18	7 × 3 = 21
5 × 4 = 20	6 × 4 = 24	7 × 4 = 28
5 × 5 = 25	6 × 5 = 30	7 × 5 = 35
5 × 6 = 30	6 × 6 = 36	7 × 6 = 42
5 × 7 = 35	6 × 7 = 42	7 × 7 = 49
5 × 8 = 40	6 × 8 = 48	7 × 8 = 56
5 × 9 = 45	6 × 9 = 54	7 × 9 = 63

8 × 1 = 08	9 × 1 = 09
8 × 2 = 16	9 × 2 = 18
8 × 3 = 24	9 × 3 = 27
8 × 4 = 32	9 × 4 = 36
8 × 5 = 40	9 × 5 = 45
8 × 6 = 48	9 × 6 = 54
8 × 7 = 56	9 × 7 = 63
8 × 8 = 64	9 × 8 = 72
8 × 9 = 72	9 × 9 = 81

매직셈 홈페이지 : www.magicsem.co.kr
무료상담 : 080-3131-7404

EQ 올셈 기초단계 정답지

P.7

1) 7	2) 8	3) 4	4) 3	5) 2
6) 9	7) 0	8) 1	9) 6	10) 8
11) 4	12) 6	13) 7	14) 5	15) 3
16) 6	17) 8	18) 9	19) 0	20) 5

P.8

1) 4	2) 6	3) 5	4) 0	5) 3
6) 7	7) 1	8) 8	9) 2	10) 9
11) 3	12) 5	13) 7	14) 9	15) 0
16) 2	17) 6	18) 4	19) 8	20) 1

P.9 (1–20)

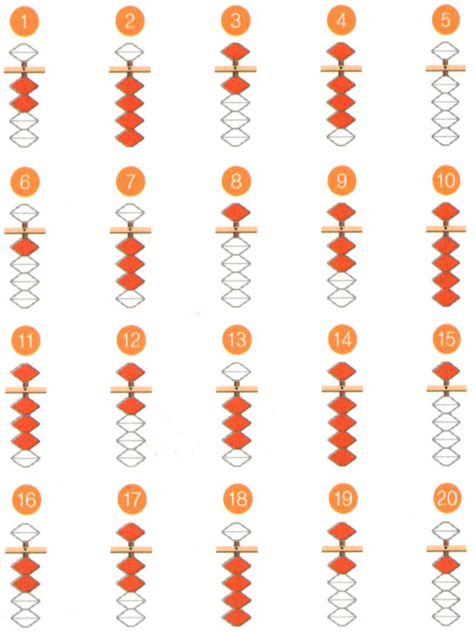

P.10

1) 46	2) 54	3) 50	4) 27	5) 68
6) 72	7) 35	8) 21	9) 19	10) 47
11) 40	12) 69	13) 24	14) 30	15) 52
16) 76	17) 60	18) 57	19) 88	20) 93

P.11 (1–20)

P.12

1) 28	2) 35	3) 48	4) 67	5) 56
6) 77	7) 74	8) 82	9) 62	10) 93
11) 21	12) 65	13) 24	14) 55	15) 18
16) 83	17) 20	18) 34	19) 23	20) 75

P.13 (1–20)

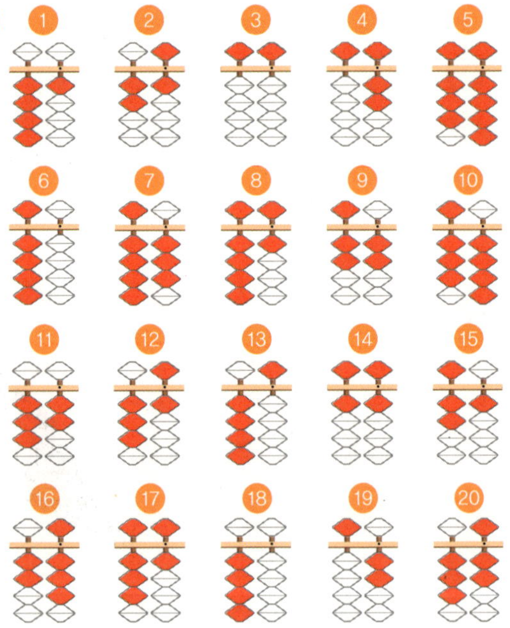

P.14

1) 6	2) 9	3) 4	4) 7	5) 2
6) 5	7) 1	8) 8	9) 3	10) 7
11) 26	12) 48	13) 93	14) 56	15) 78
16) 37	17) 69	18) 16	19) 82	20) 24

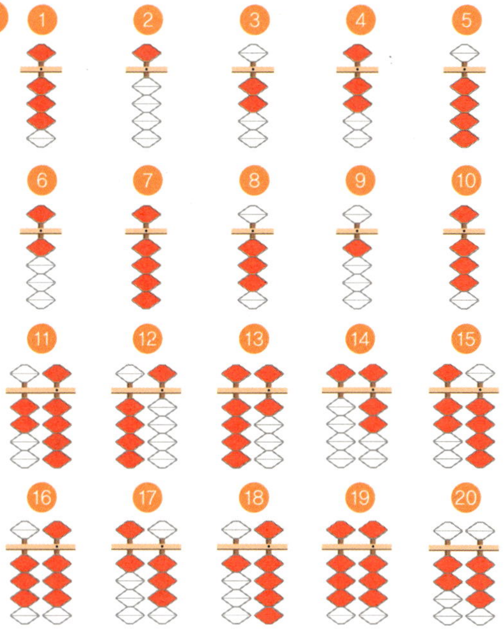

P.16

1	3	2	3	3	4	4	1	5	2
6	0	7	3	8	4	9	1	10	2
11	1	12	4	13	1	14	3	15	3
16	4	17	4	18	2	19	0	20	3
21	4	22	2	23	4	24	3	25	3
26	0	27	2	28	3	29	1	30	1
31	3	32	4	33	2	34	1	35	0
36	1	37	1	38	4	39	3	40	3

P.17

1	5	2	6	3	7	4	7	5	8
6	7	7	9	8	8	9	6	10	9
11	6	12	6	13	8	14	8	15	5
16	5	17	9	18	7	19	8	20	7
21	6	22	7	23	7	24	5	25	5
26	8	27	8	28	9	29	9	30	0
31	8	32	8	33	9	34	6	35	6
36	5	37	9	38	6	39	7	40	8

P.18

1	3	2	2	3	3	4	4	5	2
6	4	7	4	8	0	9	2	10	2
11	4	12	1	13	2	14	1	15	3
16	3	17	4	18	1	19	4	20	2
21	0	22	3	23	3	24	3	25	1
26	3	27	3	28	4	29	2	30	4

P.19

1	6	2	6	3	6	4	9	5	5
6	6	7	9	8	7	9	8	10	5
11	5	12	7	13	7	14	4	15	8
16	8	17	6	18	5	19	7	20	6
21	6	22	5	23	7	24	7	25	8
26	8	27	7	28	5	29	5	30	5

P.20

1	4	2	3	3	2	4	4	5	1
6	4	7	1	8	4	9	2	10	4
11	1	12	4	13	0	14	3	15	1
16	3	17	4	18	1	19	1	20	2
21	4	22	1	23	4	24	0	25	4
26	1	27	1	28	1	29	3	30	4

P.21

1	4	2	2	3	8	4	3	5	6
6	2	7	5	8	8	9	4	10	9
11	6	12	8	13	9	14	3	15	1
16	3	17	5	18	5	19	4	20	0
21	2	22	7	23	7	24	8	25	5
26	5	27	1	28	9	29	6	30	8

P.22

1	7	2	8	3	5	4	6	5	9
6	8	7	7	8	9	9	0	10	1
11	8	12	9	13	0	14	5	15	1
16	8	17	8	18	7	19	2	20	6
21	9	22	1	23	7	24	5	25	5
26	9	27	2	28	8	29	0	30	8
31	9	32	0	33	7	34	7	35	4
36	7	37	9	38	0	39	5	40	1

P.23

1	2	2	8	3	7	4	2	5	2
6	5	7	4	8	1	9	1	10	2
11	7	12	1	13	1	14	8	15	8
16	5	17	8	18	2	19	6	20	7
21	8	22	3	23	7	24	0	25	3
26	8	27	0	28	0	29	9	30	9

P.24

1	4	2	7	3	6	4	6	5	2
6	4	7	5	8	1	9	6	10	5
11	3	12	1	13	5	14	5	15	2
16	5	17	7	18	5	19	1	20	8
21	4	22	9	23	6	24	9	25	3
26	8	27	8	28	8	29	8	30	7

P.25

1 3	2 6	3 7	4 5	5 3
6 1	7 7	8 0	9 5	10 6
11 2	12 2	13 6	14 0	15 1
16 2	17 2	18 3	19 2	20 3
21 8	22 8	23 4	24 4	25 4
26 9	27 8	28 7	29 3	30 4

P.26

1 4	2 7	3 3	4 6	5 6
6 5	7 7	8 2	9 1	10 2
11 8	12 6	13 5	14 7	15 3
16 8	17 7	18 7	19 3	20 9
21 6	22 1	23 3	24 6	25 6
26 4	27 9	28 8	29 7	30 5

P.27

1 5	2 5	3 4	4 6	5 2
6 2	7 2	8 1	9 3	10 8
11 5	12 7	13 1	14 4	15 4
16 1	17 3	18 2	19 5	20 1
21 6	22 6	23 8	24 8	25 8
26 8	27 7	28 8	29 7	30 3

P.28

1 80	2 76	3 59	4 49	5 8
6 71	7 98	8 97	9 9	10 41
11 93	12 76	13 80	14 58	15 17
16 44	17 56	18 43	19 99	20 59
21 28	22 39	23 33	24 38	25 19
26 44	27 48	28 31	29 93	30 28

P.29

1 47	2 43	3 47	4 38	5 37
6 8	7 9	8 37	9 97	10 9
11 73	12 95	13 38	14 59	15 68
16 98	17 98	18 9	19 19	20 98
21 34	22 39	23 86	24 87	25 19
26 98	27 48	28 58	29 94	30 39

P.30

1 58	2 91	3 96	4 50	5 57
6 49	7 89	8 38	9 45	10 61
11 52	12 73	13 20	14 72	15 94
16 2	17 91	18 48	19 42	20 70
21 88	22 79	23 88	24 38	25 18
26 99	27 79	28 81	29 49	30 29

P.31

1 17	2 79	3 92	4 30	5 32
6 57	7 93	8 48	9 49	10 89
11 72	12 26	13 49	14 90	15 69
16 28	17 87	18 98	19 38	20 91
21 88	22 85	23 97	24 58	25 91
26 68	27 86	28 60	29 92	30 33

P.32

1 9	2 9	3 9	4 8	5 9
6 9	7 9	8 9	9 9	10 8
11 8	12 9	13 8	14 9	15 9
16 9	17 9	18 9	19 9	20 9

P.33

1 9	2 8	3 7	4 9	5 9
6 9	7 9	8 9	9 8	10 9
11 9	12 8	13 7	14 9	15 8
16 8	17 9	18 9	19 7	20 8

P.34

1 9	2 9	3 7	4 9	5 9
6 7	7 8	8 9	9 9	10 9
11 7	12 9	13 9	14 9	15 9
16 8	17 9	18 7	19 8	20 9

P.35

1 8	2 9	3 4	4 8	5 9
6 9	7 9	8 9	9 8	10 4
11 8	12 7	13 9	14 9	15 8
16 8	17 9	18 9	19 9	20 9

P.36

1 8	2 8	3 9	4 7	5 9
6 8	7 8	8 9	9 9	10 9
11 9	12 9	13 9	14 9	15 8
16 8	17 9	18 7	19 9	20 8

P.37

1 9	2 9	3 8	4 7	5 8
6 8	7 7	8 9	9 3	10 8
11 8	12 6	13 7	14 9	15 8
16 9	17 8	18 8	19 9	20 9

P.38
1	8	2	9	3	9	4	9	5	9
6	8	7	9	8	9	9	8	10	9
11	7	12	8	13	9	14	9	15	9
16	9	17	9	18	9	19	9	20	9

P.39
1	8	2	8	3	8	4	9	5	8
6	9	7	9	8	8	9	8	10	9
11	9	12	9	13	7	14	9	15	9
16	9	17	9	18	7	19	9	20	8

P.40
1	8	2	9	3	8	4	9	5	9
6	9	7	9	8	8	9	7	10	9
11	9	12	9	13	8	14	9	15	9
16	9	17	9	18	8	19	9	20	9

P.41
1	7	2	9	3	8	4	9	5	8
6	9	7	9	8	9	9	8	10	4
11	9	12	7	13	7	14	8	15	8
16	7	17	9	18	8	19	9	20	9

P.42
1	2	2	2	3	8	4	1	5	1
6	9	7	2	8	8	9	2	10	1
11	3	12	4	13	9	14	0	15	2
16	8	17	3	18	8	19	2	20	4
21	5	22	3	23	8	24	2	25	2
26	9	27	1	28	8	29	3	30	4

P.43
1	7	2	3	3	9	4	2	5	2
6	7	7	7	8	3	9	0	10	3
11	3	12	4	13	6	14	3	15	1
16	9	17	0	18	8	19	2	20	7
21	5	22	1	23	5	24	1	25	2
26	7	27	3	28	6	29	3	30	8

P.44
1	6	2	3	3	8	4	9	5	0
6	9	7	1	8	4	9	6	10	9
11	3	12	1	13	9	14	7	15	1
16	4	17	1	18	8	19	4	20	3
21	5	22	4	23	9	24	1	25	2
26	8	27	3	28	8	29	2	30	2

P.45
1	6	2	2	3	8	4	3	5	1
6	9	7	8	8	9	9	3	10	5
11	2	12	2	13	5	14	3	15	2
16	9	17	9	18	7	19	2	20	2
21	5	22	5	23	6	24	3	25	4
26	4	27	1	28	8	29	3	30	8

P.46
1	5	2	3	3	9	4	2	5	0
6	9	7	1	8	8	9	0	10	0
11	7	12	4	13	7	14	1	15	2
16	7	17	0	18	1	19	8	20	9
21	5	22	9	23	7	24	3	25	1
26	8	27	4	28	8	29	7	30	7

P.47
1	7	2	2	3	0	4	1	5	2
6	9	7	2	8	7	9	2	10	3
11	7	12	2	13	7	14	1	15	1
16	6	17	1	18	1	19	7	20	9
21	6	22	1	23	7	24	3	25	2
26	9	27	7	28	8	29	8	30	9

P.48
1	3	2	2	3	9	4	1	5	1
6	9	7	2	8	8	9	2	10	1
11	7	12	9	13	9	14	5	15	2
16	7	17	5	18	5	19	8	20	9
21	5	22	8	23	8	24	8	25	7
26	4	27	8	28	8	29	9	30	8

P.49

1	6	2	3	3	9	4	2	5	2
6	9	7	3	8	7	9	4	10	4
11	8	12	7	13	6	14	5	15	2
16	9	17	5	18	1	19	7	20	9
21	6	22	8	23	8	24	4	25	7
26	7	27	8	28	4	29	4	30	8

P.50

1	2	2	3	3	2	4	4	5	8
6	3	7	1	8	8	9	3	10	3
11	9	12	2	13	8	14	6	15	8
16	8	17	3	18	7	19	1	20	9
21	9	22	7	23	6	24	9	25	4
26	8	27	8	28	2	29	1	30	1

P.51

1	1	2	1	3	2	4	0	5	4
6	2	7	8	8	2	9	3	10	2
11	8	12	2	13	5	14	7	15	8
16	9	17	7	18	6	19	3	20	7
21	9	22	7	23	1	24	3	25	9
26	2	27	7	28	5	29	3	30	9

P.52

1	5	2	9	3	4	4	5	5	8
6	2	7	7	8	4	9	3	10	1
11	2	12	7	13	7	14	9	15	9
16	7	17	2	18	8	19	8	20	5
21	4	22	5	23	9	24	3	25	8
26	1	27	9	28	7	29	8	30	8

P.53

1	5	2	7	3	2	4	3	5	7
6	9	7	9	8	1	9	0	10	1
11	2	12	1	13	9	14	1	15	8
16	2	17	8	18	8	19	9	20	9
21	9	22	8	23	2	24	3	25	7
26	4	27	8	28	4	29	9	30	1

P.54

1	2	2	8	3	3	4	3	5	4
6	2	7	8	8	1	9	1	10	3
11	8	12	9	13	4	14	4	15	7
16	9	17	6	18	9	19	9	20	8
21	2	22	9	23	9	24	3	25	7
26	8	27	4	28	4	29	4	30	9

P.55

1	3	2	8	3	3	4	1	5	4
6	8	7	7	8	1	9	3	10	0
11	2	12	4	13	9	14	7	15	7
16	3	17	4	18	4	19	2	20	2
21	6	22	3	23	4	24	3	25	4
26	1	27	8	28	1	29	8	30	8

P.56

1	4	2	4	3	2	4	1	5	1
6	2	7	4	8	3	9	3	10	3
11	6	12	3	13	1	14	5	15	1
16	2	17	6	18	2	19	1	20	5
21	9	22	8	23	4	24	9	25	7
26	8	27	4	28	6	29	9	30	9

P.57

1	2	2	6	3	1	4	2	5	6
6	0	7	6	8	1	9	3	10	1
11	1	12	3	13	0	14	4	15	2
16	1	17	1	18	2	19	1	20	2
21	8	22	8	23	8	24	9	25	7
26	9	27	4	28	7	29	8	30	4

P.58

1	4	2	7	3	3	4	5	5	2
6	4	7	5	8	1	9	6	10	5
11	3	12	6	13	4	14	2	15	0
16	2	17	0	18	4	19	2	20	1
21	7	22	7	23	4	24	9	25	9
26	9	27	4	28	6	29	2	30	8

P.59

1 5	2 6	3 2	4 1	5 3
6 1	7 7	8 2	9 1	10 2
11 2	12 2	13 1	14 3	15 2
16 2	17 1	18 3	19 2	20 1
21 8	22 7	23 7	24 8	25 6
26 8	27 6	28 8	29 7	30 6

P.60

1 4	2 9	3 8	4 8	5 9
6 1	7 6	8 5	9 7	10 8
11 9	12 7	13 7	14 8	15 4
16 4	17 3	18 4	19 8	20 8
21 9	22 9	23 9	24 9	25 1
26 2	27 9	28 9	29 8	30 9

P.61

1 4	2 8	3 7	4 9	5 3
6 3	7 5	8 6	9 8	10 9
11 9	12 9	13 7	14 9	15 3
16 7	17 8	18 3	19 7	20 4
21 3	22 9	23 9	24 9	25 0
26 3	27 9	28 8	29 8	30 9

P.62

1 4	2 7	3 9	4 4	5 3
6 1	7 6	8 6	9 8	10 7
11 4	12 8	13 9	14 9	15 3
16 3	17 2	18 3	19 7	20 7
21 6	22 1	23 4	24 3	25 5
26 1	27 8	28 8	29 9	30 6

P.63

1 4	2 8	3 8	4 8	5 4
6 0	7 6	8 7	9 7	10 9
11 4	12 7	13 8	14 2	15 4
16 4	17 3	18 4	19 8	20 7
21 4	22 2	23 9	24 3	25 2
26 2	27 2	28 8	29 9	30 6

덧셈이나 곱셈으로 해 보세요.

예시

아이 수준에 맞게 ＋ 나 × 로 선택하세요.

×	0	1	2	3	4	5	6	7	8	9
7	0	07	14	21	28	35	42	49	56	63

한 자리, 두 자리, 세 자리... 중 아이의 수준에 맞게 선생님이 숫자를 넣어 사용하세요.

걸린 시간 (　　분　　초)

	0	1	2	3	4	5	6	7	8	9

	0	1	2	3	4	5	6	7	8	9

	0	1	2	3	4	5	6	7	8	9

	0	1	2	3	4	5	6	7	8	9

	0	1	2	3	4	5	6	7	8	9

	0	1	2	3	4	5	6	7	8	9

	0	1	2	3	4	5	6	7	8	9

	0	1	2	3	4	5	6	7	8	9

기초단계